NANSHUI BEIDIAO ZHONGXIAN MAHUANG GOU
DUCAO YOUHUA SHEJI YANJIU

南水北调中线麻黄沟渡槽优化设计研究

柴启辉　著

中国水利水电出版社
www.waterpub.com.cn
·北京·

内 容 提 要

本书共分 7 章。第 1 章介绍预应力排水渡槽基本计算资料及设计原则和方法；第 2 章为预应力排水渡槽运营期三维有限元数值分析；第 3 章为预应力排水渡槽施工期三维有限元数值分析；第 4 章为预应力排水渡槽温度效应三维有限元数值分析；第 5 章为渡槽局部预应力钢筋失效三维有限元数值分析；第 6 章为预应力排水渡槽优化设计；第 7 章为结论和探讨。

本书可供从事水工结构分析、设计和工程管理的科技人员学习参考，并可以作为大专院校的有关教师、研究生的教学参考书。

图书在版编目（CIP）数据

南水北调中线麻黄沟渡槽优化设计研究 / 柴启辉著.
北京 ： 中国水利水电出版社， 2024． 7. -- ISBN 978-7
-5226-2322-1
Ⅰ．TV672
中国国家版本馆CIP数据核字第2024QA4771号

书　　名	**南水北调中线麻黄沟渡槽优化设计研究** NANSHUI BEIDIAO ZHONGXIAN MAHUANG GOU DUCAO YOUHUA SHEJI YANJIU
作　　者	柴启辉　著
出版发行	中国水利水电出版社 （北京市海淀区玉渊潭南路 1 号 D 座　100038） 网址：www. waterpub. com. cn E - mail：sales@ mwr. gov. cn 电话：（010）68545888（营销中心）
经　　售	北京科水图书销售有限公司 电话：（010）68545874、63202643 全国各地新华书店和相关出版物销售网点
排　　版	中国水利水电出版社微机排版中心
印　　刷	北京中献拓方科技发展有限公司
规　　格	184mm×260mm　16 开本　11.25 印张　274 千字
版　　次	2024 年 7 月第 1 版　2024 年 7 月第 1 次印刷
定　　价	**60.00 元**

前　言

　　南水北调中线工程是世界瞩目的大型跨流域调水工程，其中北方河流河道长年干枯，左岸排水渡槽基本处于无水状态，然而洪水期过流变化大、历时短，且会挟带大量泥沙。左岸排水渡槽的正常运营状态与一般输水渡槽存在较大差异，作者以麻黄沟渡槽为例，进行了三维有限元复核分析及优化设计。

　　本书根据预应力排水渡槽的实际施工和运营状况，得到重要研究成果：排水渡槽无水状态时，根据基本荷载组合、竖墙纵向抗裂、余均限裂的设计原则，分阶段、分工况提出了具体功能限制要求；太阳曝晒使得渡槽整体结构受力状态呈劣化趋势，温度效应对渡槽内力的影响不可忽略，需给予足够重视；横梁和较厚底板混凝土横向刚度较大，局部预应力钢筋对渡槽结构内力的影响经内力重分布后，内力变化过渡平缓，且上部预应力钢筋的失效影响大于下部预应力钢筋；在满足安全性和适用性的前提下，优化渡槽设计，降低了结构自重，提高了渡槽抗震性能，降低了施工难度。

　　本书由华北水利水电大学柴启辉撰写，撰写过程中，得到孙明权、杨世锋、田青青、丁泽霖、万芳等同仁的帮助；此外，中国水利水电出版社也给予了大力支持，使本书得以顺利出版，在此深表谢意！本书在编写过程中参阅并引用了大量的文献，在此对这些文献的作者们表示诚挚的感谢！

　　由于作者水平有限，书中难免会有疏漏之处，恳请广大读者给予批评指正。

作者

2023 年 10 月于郑州

目　　录

第1章 预应力排水渡槽基本计算资料及设计原则和方法

1.1 基本计算资料

1.1.1 建筑物级别

南水北调中线京石段左岸排水工程预应力渡槽的建筑物级别为Ⅰ级，结构安全等级为Ⅰ级。

1.1.2 材料参数

1. 混凝土

预应力渡槽槽身混凝土等级取用 C50。混凝土轴心抗压强度标准值 $f_{ck} = 32.0 \text{MPa}$、设计值 $f_c = 23.5 \text{MPa}$，混凝土轴心抗拉强度标准值 $f_{tk} = 2.75 \text{MPa}$，弹性模量 $E_c = 3.45 \times 10^4 \text{MPa}$，泊松比 $\nu_c = 0.167$。

2. 预应力钢筋

预应力钢筋采用 270 级高强低松弛钢绞线（D15.24）$\phi^j 15.2$，抗拉强度标准值 $f_{ptk} = 1860 \text{MPa}$，张拉控制应力 $\sigma_{con} = 0.70 f_{ptk} = 1302 \text{MPa}$，后张有黏结施工工艺，一端锚固、一端张拉；锚具采用夹片式锚具，锚具变形和钢筋内缩值取 $a = 5 \text{mm}$。

3. 普通钢筋

普通钢筋采用标准热轧Ⅱ级钢筋。

1.2 设计原则

根据左岸排水渡槽的实际工作状况，预应力渡槽承受的荷载主要有渡槽自重、水重、风载和温度荷载等。左岸排水渡槽运营状况不同于一般预应力渡槽，结构长期处于无水（即空槽状态），无论是 50 年一遇的设计洪水，还是 200 年一遇校核洪水，过水是短期的、临时的，其基本荷载组合不是自重＋预应力＋设计水位状态，而是空槽状态。基本荷载组合的差异直接导致渡槽结构应力分布和预应力钢筋配置的差异。

为充分保障结构的安全性和适用性，对于目前尚无范例可依的大流量预应力左岸排水渡槽结构，可依据国家标准《水利水电工程结构可靠性设计统一标准》（GB 50199—2013）和行业标准《水工混凝土结构设计规范》（SL 191—2008），拟定如下设计计算原则。

1.2.1 承载能力极限状态设计计算

预应力排水渡槽首先应满足承载能力极限状态设计要求，即在各种荷载效应组合作用下，结构不应失效。

1. 荷载效应组合

左岸排水预应力渡槽承载能力极限状态荷载效应组合分为基本组合和偶然组合，具体见表1.1。

表 1.1　　　　　　　　　　　　承载力能力极限状态荷载组合

荷载组合		自重	水重	预应力	施工或检修	工作条件
基本组合	I	√		√		空槽
	II	√	√	√		设计水深
特殊组合	I	√		√	√	施工
	II	√	√	√		满槽水
	III	√	√	√		地震＋设计水深

2. 承载能力极限状态设计表达式

对于基本组合，左岸排水预应力渡槽承载能力极限状态设计表达式为

$$\gamma_0 \psi S(\gamma_G G_k, \gamma_Q Q_k, a_k) \leqslant \frac{1}{\gamma_d} R(f_d, a_k) \tag{1.1}$$

式中　γ_0——结构重要性系数，取 1.1；

ψ——设计状况系数，对应于持久状况、短暂状况、偶然状况，分别取 1.0、0.95、0.85；

$S(\cdot)$——作用（荷载）效应函数；

$R(\cdot)$——结构抗力函数；

γ_d——结构系数，根据规范 SL 191—2008，取 1.25；

γ_G——永久作用（荷载）分项系数；

γ_Q——可变作用（荷载）分项系数；

G_k——永久作用（荷载）标准值；

Q_k——可变作用（荷载）标准值；

a_k——结构几何参数的标准值。

对于偶然组合，左岸排水预应力渡槽承载能力极限状态设计表达式宜按下列原则确定：①偶然作用分项系数可取为 1.0；②参与组合的某些可变作用，可根据各类水工建筑物设计规范的规定做适当折减；③结构系数 γ_d 取 1.25。

1.2.2 正常使用极限状态验算

预应力渡槽应满足正常使用极限状态设计要求，即渡槽应满足结构功能限制的要求。

1. 作用（荷载）效应组合

左岸排水预应力渡槽作用（荷载）效应组合分为短期组合和长期组合，具体见表1.2。

表 1.2　　　　　　　　　　　**正常使用极限状态荷载组合**

荷载组合		自重	水重	预应力	允许挠度	工作条件
长期组合	I	√		√	$L/550$	空槽
短期组合	I	√	√	√	$L/500$	设计水深
	II	√	√	√	$L/500$	满槽水

注　L 为相应结构跨度。

2. 正常使用极限状态设计表达式

左岸排水预应力渡槽正常使用极限状态设计表达式如下：

对于短期组合：

$$\gamma_0 S_s(G_k, Q_k, f_k, a_k) \leqslant c_1 \tag{1.2}$$

对于长期组合：

$$\gamma_0 S_1(G_k, \rho Q_k, f_k, a_k) \leqslant c_2 \tag{1.3}$$

式中　　　　　γ_0——结构重要性系数，取 1.1。

$S_s(\cdot)$、$S_1(\cdot)$——作用（荷载）效应短期组合和长期组合时的功能函数；

c_1、c_2——结构的功能限值；

G_k——永久作用（荷载）标准值；

Q_k——可变作用（荷载）标准值；

f_k——材料强度标准值；

a_k——结构几何参数的标准值；

ρ——可变作用标准值的长期组合系数。

3. 结构的功能限值

渡槽是水工结构中用来输水的主要建筑结构形式之一，结构迎水面长期处于水下环境，因此结构总体上所处环境条件为二类，预应力边墙和中墙纵向结构功能限值按二级裂缝控制等级取用：

作用（荷载）效应短期组合下，结构受拉边缘混凝土的允许拉应力限制系数 $\alpha_{ct}=0.5$，即

$$\sigma_{cs} - \sigma_{pc} \leqslant 0.5\gamma f_{tk} \tag{1.4}$$

作用（荷载）效应长期组合下，结构受拉边缘混凝土的允许拉应力限制系数 $\alpha_{ct}=0.3$，即

$$\sigma_{cl} - \sigma_{pc} \leqslant 0.3\gamma f_{tk} \tag{1.5}$$

式中　σ_{cs}、σ_{cl}——作用（荷载）效应短期组合、长期组合下验算边缘的混凝土法向拉应力；

σ_{pc}——扣除全部预应力损失后在验算边缘混凝土的预压应力；

f_{tk}——混凝土的轴心抗拉强度标准值；

γ——截面抵抗矩塑性系数，取 $\gamma=1.55$。

当预应力渡槽槽身混凝土等级取用 C50 时，式（1.4）和式（1.5）具体表达为

3

$$\sigma_{cs} - \sigma_{pc} \leqslant 2.13 (\text{MPa}) \tag{1.4a}$$

$$\sigma_{cl} - \sigma_{pc} \leqslant 1.28 (\text{MPa}) \tag{1.5a}$$

由于本书所分析的排水渡槽均采用单向预应力，对于渡槽竖墙竖向应力和底板横向、纵向应力，需进行抗裂验算，槽身裂缝控制等级为一般要求不出现裂缝的构件。抗裂验算时，结构构件受拉边缘的拉应力不应超过以混凝土拉应力限制系数 α_{ct} 控制的应力值，对于荷载效应的短期组合，α_{ct} 取 0.85；对于长期组合，α_{ct} 取 0.7，具体可表达为

$$\sigma_{cs} - \sigma_{pc} \leqslant 0.85 \gamma f_{tk} = 3.62 (\text{MPa}) \tag{1.6}$$

$$\sigma_{cl} - \sigma_{pc} \leqslant 0.7 \gamma f_{tk} = 2.98 (\text{MPa}) \tag{1.7}$$

1.2.3　施工阶段应力验算

在预应力施工阶段的压应力限制系数不应大于 0.9，拉应力限制系数不应大于 0.7。根据设计大纲要求，本设计仍然将设计水位组合作为荷载效应长期组合。

预应力渡槽施工期应力验算表达式为

$$\sigma_{ct} \leqslant 0.7 f'_{tk} \tag{1.8}$$

$$\sigma_{cc} \leqslant 0.9 f'_{ck} \tag{1.9}$$

式中　σ_{ct}、σ_{cc}——相应施工工况计算截面边缘纤维的混凝土拉应力、压应力；

f'_{tk}、f'_{ck}——与相应施工工况混凝土立方体抗压强度 f'_{cu} 相应的轴心抗拉、抗压强度标准值。

式（1.8）和式（1.9）具体表达为

$$\sigma_{ct} \leqslant 1.925 (\text{MPa}) \tag{1.8a}$$

$$\sigma_{cc} \leqslant 28.8 (\text{MPa}) \tag{1.9a}$$

1.2.4　变形要求

预应力渡槽应满足各运营工况下的变形要求。

为充分考虑预应力排水渡槽的安全性，除空槽状态外，设计时亦将自重＋预应力＋设计水位荷载组合作为作用（荷载）效应长期组合，设计结果偏于安全。

另外，由于预应力排水渡槽长期处于无水、空槽状态，该状态荷载组合作为作用（荷载）效应基本组合，这时温度效应对渡槽内力的影响不可忽略。排水渡槽的作用是排泄洪水，考虑泥沙对槽身的磨损，其底板厚度，特别是保护层厚度不应太薄。

1.3　设计方法

1.3.1　内力计算方法

为确定预应力渡槽的极限承载能力，槽身内力计算与一般渡槽设计相同，即采用结构力学法，按平面问题，沿横向、纵向分别计算。横向计算时，底肋支承在侧墙上，横断面为加肋的多支座矩形框架；侧墙按一端简支，一端固结的 T 型梁计算，用三边固结，一边简支的板复核。底板是支撑在底肋上的连续板，底板侧墙视为纵向 I 字梁的翼缘，按简

支梁计算。纵向计算时，侧墙作为简支梁，以横向计算中求出的支座反力作为纵向荷载，按简支受弯构件计算内力。求出渡槽结构内力后，配置预应力钢筋满足正截面、斜截面承载力设计要求，并确定非预应力钢筋用量。

1.3.2　有限元分析方法

为确定三类预应力渡槽在荷载作用下的受力性能和变形规律，本书采用通用有限元分析软件 ANSYS 进行了三维有限元数值模拟计算和分析。数值模型中，混凝土实体采用三维块体元 Solid45 模拟，预应力钢筋采用空间杆件元 Link8 模拟。

为尽可能真实有效地反映预应力排水渡槽的实际受力性能和变形特性，预应力钢筋与混凝土实体分别单独建立数值模型。所建立的三维有限元数值模型可真实模拟预应力钢筋的空间曲线形式；预应力钢筋的单元节点与混凝土实体单元间通过约束方程建立相互作用，即通过点（混凝土单元上的一个节点）点（预应力钢绞线上的一个节点）自由度耦合来实现，该方法在考虑曲线预应力钢筋对混凝土作用的同时，还能考虑预应力钢筋在外荷载作用下的应力增量，可较为真实准确地获得结构细部的受力反应。

沿预应力钢筋精确估算各种沿程预应力损失，计算各预应力钢筋单元节点所在位置的有效预应力。进行有限元分析时，采用了目前比较先进的降温法，通过专用程序将预应力钢筋各节点的有效预应力施加在相应的位置上。为考虑普通钢筋对结构刚度的影响，混凝土单元采用了均化的钢筋混凝土折算弹性模量。

第 2 章 预应力排水渡槽运营期 三维有限元数值分析

本章在考虑预应力渡槽自重、水重、水压力、风荷载、预应力等荷载在运营期的最不利组合，对麻黄沟排水渡槽建立三维有限元数值模型，分析三维状态下预应力渡槽的受力状态及规律，确定预应力排水渡槽内力分布和形变位移数值大小的合理性。

2.1 麻黄沟排水渡槽基本数据

2.1.1 建筑物级别

麻黄沟排水渡槽的建筑物级别为Ⅰ级，结构安全等级为Ⅰ级，结构重要性系数 $\gamma_d = 1.1$。

2.1.2 荷载分项系数

渡槽槽身自重 $\gamma_G = 1.05$，设计、校核水荷载 $\gamma_Q = 1.2$，满槽洪水荷载为可控可变荷载，$\gamma_Q = 1.10$。

2.1.3 环境类别

Ⅱ类，钢筋保护层厚度取 $a = 50\text{mm}$。

2.1.4 材料性能

（1）混凝土：预应力渡槽槽身混凝土等级取用 C50，根据规范规定，施加预应力时混凝土立方体抗压强度不宜低于设计混凝土强度等级的 75%，本工程施加预应力时取混凝土立方体抗压强度为设计混凝土抗压强度。

（2）普通钢筋：采用标准热轧Ⅱ级钢筋，$E_S = 2.0 \times 10^5 \text{N/mm}^2$。

（3）钢绞线：预应力钢筋采用 270 级高强度低松弛钢绞线（D15.24）$\phi'15.2$，抗拉强度标准值 $f_{ptk} = 1860\text{MPa}$，采用后张法，张拉控制应力 $\sigma_{con} = 0.70 f_{ptk} = 1302\text{MPa}$，一端锚固、一端张拉，锚具采用夹片式锚具，锚具变形和钢筋内缩值取 $a = 5\text{mm}$。

2.1.5 设计状况系数 φ

（1）空槽工况——持久状况，$\varphi = 1.0$。
（2）设计洪水——短暂状况，$\varphi = 0.95$。

（3）校核洪水工况——偶然状况，$\varphi = 0.85$。

（4）满槽洪水工况——偶然状况，$\varphi = 0.85$。

2.1.6 裂缝控制等级

槽身裂缝控制等级为一般要求不出现裂缝的构件，按荷载效应的短期组合和长期组合分别进行计算，构件受拉边缘混凝土允许产生拉应力，但拉应力不应超过以混凝土拉应力限制系数 α_{ct} 控制的应力值。

预应力排水渡槽运营期进行有限元分析时，以设计成果为基础展开研究工作，预应力钢筋用量见表 2.1。

表 2.1 预应力排水渡槽预应力钢筋配置表

计算成果	麻黄沟排水渡槽	
	边墙	中墙
最新设计成果	$32\phi^j 15.24$	$45\phi^j 15.24$

渡槽三维有限元数值分析采用通用有限元分析软件 ANSYS 进行模拟计算。

预应力排水渡槽运营期三维有限元分析具体考虑了 3 种运营工况，分别为空槽、设计水深和满槽水深。

为叙述方便，本书规定压应力为负，拉应力为正。

2.2 麻黄沟排水渡槽运营期三维有限元数值分析

2.2.1 构建麻黄沟排水渡槽三维有限元数值模型

为建立麻黄沟排水渡槽三维有限元数值模型，考虑该渡槽约束形式为一端铰结、一端滚轴的简支结构体系，取一典型跨作为研究对象进行数值分析。

麻黄沟排水渡槽结构三维有限元数值模型如图 2.1 所示，其中 x、y、z 坐标轴分别对应渡槽的横向、竖向和纵向，数值模型共计 66527 个节点、51084 个单元。其中混凝土实体采用三维块体元 Solid45 模拟，共计单元 50384 个；预应力钢筋采用空间杆件元 Link8 模拟，共计单元 700 个，边墙预应力钢筋数值模型如图 2.2 所示，中墙预应力钢筋数值模型如图 2.3 所示。

预应力钢绞线与钢筋混凝土实体各自单独建模，考虑曲线预应力钢绞线对混凝土的作用，三维有限元模型真实模拟了预应力钢绞线的曲线形式。预应力钢绞线的单元节点与钢筋混凝土实体单元间通过约束方程法建立起相互作用的关系，通过点（混凝土单元上的一个节点）点（预应力钢绞线上的一个节点）自由度耦合来实现。该方法在考虑曲线预应力钢筋对混凝土作用的同时，还能考虑预应力钢筋在外荷载作用下的应力增量，可较为真实准确地求得结构细部的受力反应。麻黄沟排水渡槽预应力钢绞线和实体混凝土单元节点之间通过约束方程建立节点耦合，共计 2142 组约束方程。

进行有限元分析时，预应力钢绞线对混凝土的作用采用降温法通过专用程序施加。

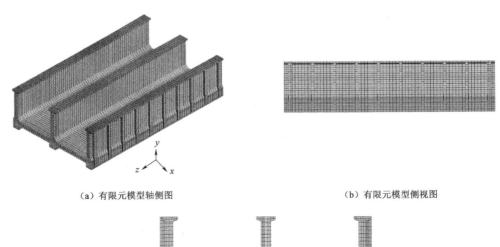

（a）有限元模型轴侧图   （b）有限元模型侧视图

（c）有限元模型横断面图

图 2.1　排水渡槽结构三维有限元数值模型

图 2.2　排水渡槽结构边墙预应力钢筋数值模型

（图中线条为钢筋数值模型）

图 2.3　排水渡槽结构中墙预应力钢筋数值模型

（图中线条为钢筋数值模型）

　　考虑普通钢筋对结构刚度的影响，混凝土单元采用均化的钢筋混凝土折算弹性模量。

　　根据麻黄沟排水渡槽结构的受力特点，三维有限元数值模型在一端端部下表面支座位置处为滚轴约束，即受竖直方向约束；在另一端端部下表面支座位置处为铰结约束，即承受竖直方向和渡槽纵向方向的约束；为约束渡槽整体结构在水平面内垂直渡槽水流方向的位移，使结构处于静定状态，在渡槽两端各支座处均施加水平方向的侧移约束。共计节点约束63个，如图2.4所示。

2.2.2　空槽状态下麻黄沟排水渡槽三维有限元数值分析

　　空槽状态下的荷载组合为自重＋风荷载＋预应力的组合，为长期组合。

1. 麻黄沟排水渡槽纵向应力

排除渡槽预应力钢绞线锚固部位及支座位置局部区域应力集中，及渡槽边墙和中墙下表面混凝土均处于纵向受压状态（图2.5、图2.6）两种情况，边墙跨中下表面混凝土纵向压应力最大值为-1.47MPa，最小值为-1.39MPa，平均值为-1.44MPa，边墙跨中下表面混凝土纵向压应力外侧略大于内侧；中墙跨中下表面混凝土纵向压应力最大值为-1.41MPa，最小值为-1.39MPa，平均值为-1.40MPa；边墙纵向压应力略小于中

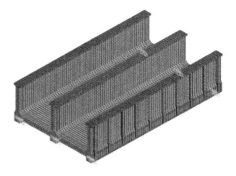

图 2.4 排水渡槽结构数值模型约束示意

墙；边墙和中墙下表面混凝土纵向压应力沿水流方向变化不大；在支座附近局部混凝土均存在纵向拉应力的应力集中现象。

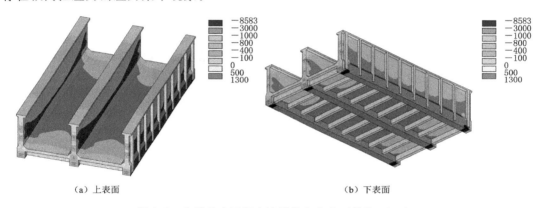

（a）上表面   （b）下表面

图 2.5 空槽状态下排水渡槽纵向应力（单位：kPa）

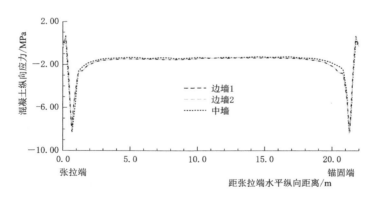

图 2.6 空槽状态下排水渡槽纵梁下表面混凝土纵向应力

渡槽边墙和中墙上表面混凝土两端小区域存在纵向拉应力，边墙上表面混凝土纵向拉应力最大值为0.35MPa，中墙上表面混凝土纵向拉应力最大值为0.40MPa；边墙跨中上表面混凝土纵向压应力最大值为-0.34MPa，最小值为-0.22MPa，平均值为-0.28MPa，边墙跨中上表面混凝土纵向压应力外侧略小于内侧；中墙跨中上表面混凝土纵向压应力最大

值为−0.51MPa，最小值为−0.50MPa，平均值为−0.50MPa（图2.7）。

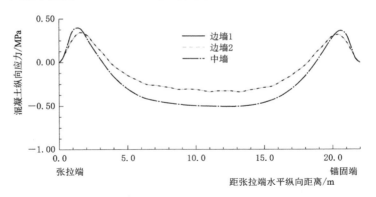

图2.7 空槽状态下排水渡槽纵梁上表面混凝土纵向应力

渡槽底板跨中上、下表面混凝土纵向应力如图2.8所示，上表面约为−1.24MPa，下表面约为−1.30MPa，上下表面相差不大。总体来讲，底板跨中上、下表面混凝土纵向应力均匀，同一高度纵向压应力数值变化不大，说明在空槽状态下边墙和中墙计算时，底板按跨中上表面到下表面的距离确定计算长度是合理的。

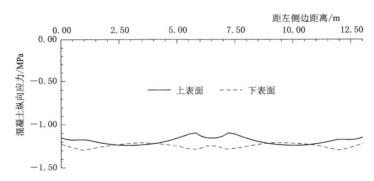

图2.8 空槽状态下排水渡槽底板跨中上、下表面混凝土纵向应力

排除渡槽预应力钢绞线锚固部位及支座位置局部区域应力集中的情况，其余部位混凝土纵向拉应力最大不超过0.50MPa。

2. 麻黄沟排水渡槽横向应力

排除渡槽预应力钢绞线锚固部位及支座位置处应力集中的情况，渡槽边墙和中墙混凝土横向拉、压应力数值均较小；渡槽支座端约束较弱，各槽底板混凝土在支座断面均有横向拉应力存在，且上表面要大于下表面，底板混凝土上表面横向拉应力在支座断面处最大值为0.84MPa；随着与渡槽张拉端和锚固端距离的增加，底板混凝土上表面横向拉应力迅速减小并趋于稳定，稳定后混凝土横向拉压应力数值均很小，最大横向拉应力为0.20MPa，最大横向压应力为−0.47MPa，且随着与渡槽两端距离的增加，底板同一纵向混凝土横向拉、压应力基本保持不变（图2.9、图2.10）。

横梁下表面混凝土在各槽跨中区域存在较大横向拉应力，最大值为0.83MPa；横梁1和横梁2下表面混凝土横向应力变化较大，是由于横梁1距离渡槽端部较近，高度较大

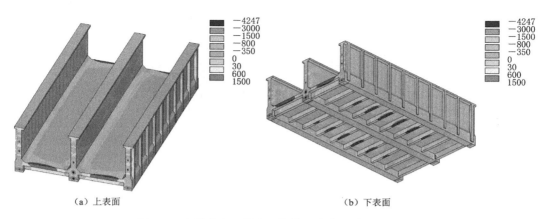

（a）上表面　　　　　　　　　　　　　　（b）下表面

图 2.9　空槽状态下排水渡槽横向应力（单位：kPa）

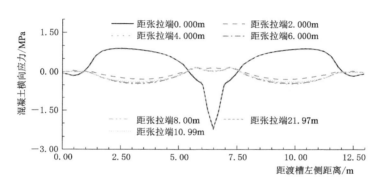

图 2.10　空槽状态下排水渡槽底板上表面混凝土横向应力

并且受局部应力影响，横梁 3～横梁 5 应力变化较小（图 2.11）。

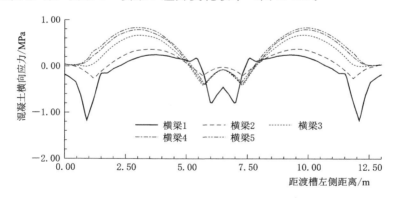

图 2.11　空槽状态下排水渡槽横梁下表面中线混凝土横向应力

注　随横梁距离张拉端距离的增加，依次编号为横梁 1～横梁 10，考虑近似对称，故取半。

3. 麻黄沟排水渡槽竖向应力

　　排除渡槽预应力钢绞线锚固部位及支座位置处应力集中的情况，渡槽竖墙竖向拉应力很小，均不超过 0.6MPa（图 2.12）。

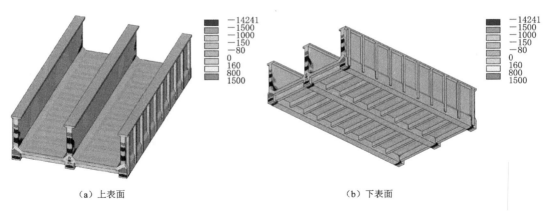

（a）上表面　　　　　　　　　　　　　　　（b）下表面

图 2.12　空槽状态下排水渡槽竖向应力（单位：kPa）

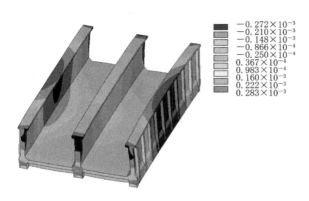

图 2.13　空槽状态下排水渡槽竖向位移
（单位：m；形变比例 1∶1000）

4．麻黄沟排水渡槽变形

渡槽在空槽状态下最大竖向位移发生在中墙顶部，由于预应力的作用渡槽跨中均向上拱，其最大竖向位移为 0.28mm（向上）（图 2.13）。渡槽竖墙下表面中线沿水流方向竖向位移如图 2.14 所示，边墙要略小于中墙。

5．空槽状态下麻黄沟排水渡槽三维有限元数值分析结果

排除渡槽预应力钢筋锚固部位及支座位置小区域范围的应力集中，渡槽结构应力和变形均满足设计要求。

底板跨中上、下表面混凝土纵向应力均匀，同一高度纵向压应力数值变化不大，空槽状态下边墙和中墙底板按跨中上表面到下表面的距离确定计算长度是较为合理的。局部应力集中可通过适当的构造措施予以调整。

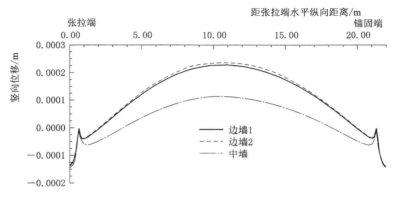

图 2.14　空槽状态下排水渡槽纵梁下表面竖向位移

2.2.3 设计水深麻黄沟排水渡槽三维有限元数值分析

设计水位下麻黄沟排水渡槽的荷载组合为自重＋风荷载＋预应力＋设计水深的水荷载的组合，为短期荷载效应组合，为充分考虑预应力排水渡槽的安全性，也将该荷载组合作为作用（荷载）效应长期组合考虑。

1. 麻黄沟排水渡槽纵向应力

排除渡槽预应力钢绞线锚固部位及支座位置局部区域应力集中，边墙跨中下表面混凝土纵向压应力最大值为－0.46MPa，最小值为－0.42MPa，平均值为－0.45MPa，边墙中下表面混凝土纵向压应力外侧略大于内侧；中墙跨中下表面混凝土纵向压应力最大值为－0.18MPa，最小值为－0.14MPa，平均值为－0.17MPa；边墙纵向压应力略小于中墙；在支座附近局部混凝土均存在纵向拉应力的应力集中现象（图2.15、图2.16）。

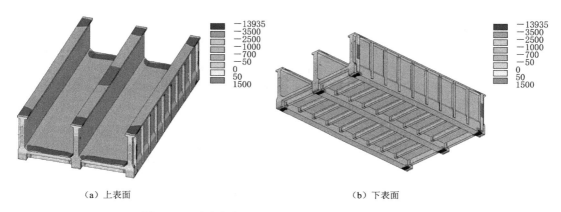

（a）上表面　　　　　　　　　　　　　（b）下表面

图 2.15　设计水位下排水渡槽纵向应力（单位：kPa）

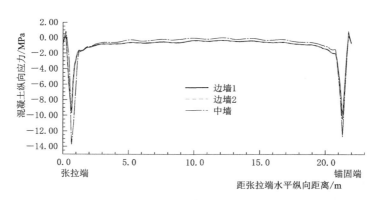

图 2.16　设计水位下排水渡槽纵梁下表面混凝土纵向应力

渡槽边墙和中墙上表面混凝土两端小区域存在纵向拉应力（图2.15），边墙上表面混凝土纵向拉应力最大值为0.27MPa，中墙上表面混凝土纵向拉应力最大值为0.32MPa；边墙跨中上表面混凝土纵向压应力最大值为－1.88MPa，最小值为－1.58MPa，平均值为－1.73MPa，边墙跨中上表面混凝土纵向压应力外侧略小于内侧；中墙跨中上表面混凝土纵向压应力最大值为－2.95MPa，最小值为－2.58MPa，平均值为－2.77MPa（图2.17）。

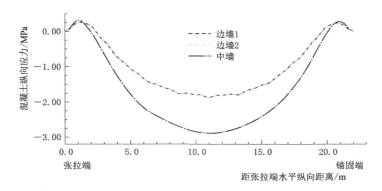

图 2.17　设计水位下排水渡槽纵梁上表面混凝土纵向应力

渡槽底板跨中混凝土上、下表面纵向压应力如图2.18所示，底板跨中位置无横梁，在外水荷载共同作用下，每槽跨中上表面纵向压应力最大值为－1.26MPa，下表面最小值为－0.78MPa，上表面大于下表面；下部对应有横梁的底板混凝土纵向应力分布则比较均匀。总体来讲，底板跨中上、下表面混凝土纵向应力排除外水荷载共同作用下对四边固结板纵向应力的影响，同一高度处纵向压应力数值变化不大（图2.18），设计水位进行边墙和中墙计算时，底板按跨中上表面到下表面的距离确定计算长度是较为合理的。

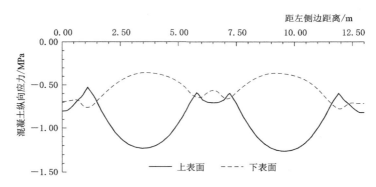

图 2.18　设计水位下排水渡槽底板跨中上、下表面混凝土纵向应力

排除渡槽预应力钢绞线锚固部位及支座位置处应力集中的情况，其余部位混凝土纵向拉应力最大不超过1.00MPa。

2. 麻黄沟排水渡槽横向应力

排除渡槽预应力钢绞线锚固部位及支座位置处应力集中的情况，渡槽边墙和中墙混凝土横向拉、压应力数值较均匀；渡槽支座端约束较弱，底板上表面混凝土基本处于横向受拉状态，最大横向拉应力值为0.99MPa；随着与渡槽张拉端和锚固端距离的增加，底板混凝土上表面横向拉应力迅速减小并趋于横向压应力状态，稳定后混凝土最大横向压应力为－0.96MPa，且随着与渡槽两端距离的增加，底板同一纵向混凝土横向拉、压应力基本保持不变（图2.19、图2.20）。

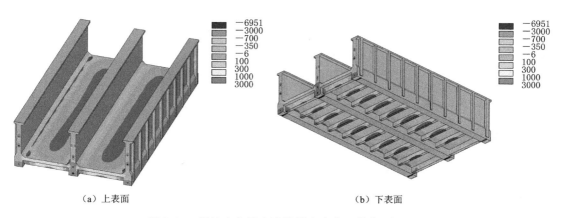

（a）上表面　　　　　　　　　　　　　　　（b）下表面

图 2.19　设计水位排水渡槽横向应力（单位：kPa）

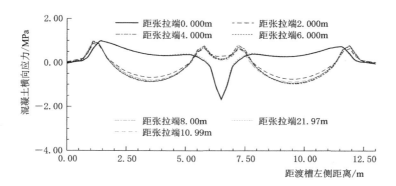

图 2.20　设计水位排水渡槽底板上表面混凝土横向应力

横梁下表面混凝土在各槽跨中区域存在较大横向拉应力，最大值为 2.43MPa；横梁 1和横梁 2 下表面混凝土横向应力变化较大，是由于横梁 1 距离渡槽端部较近、高度较大并且受局部应力影响，横梁 3～横梁 5 应力变化较小（图 2.21）。

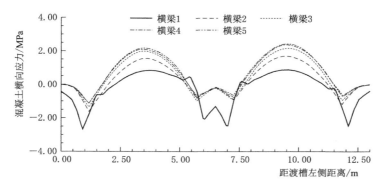

图 2.21　设计水位排水渡槽横梁下表面中线混凝土横向应力
注　随横梁距离张拉端距离的增加，依次编号为横梁 1～横梁 10，考虑近似对称，故取半。

3. 麻黄沟排水渡槽竖向应力

排除渡槽预应力钢绞线锚固部位及支座位置处应力集中的情况，渡槽竖墙竖向拉应力很小，均不超过1.75MPa（图2.22、图2.23）。

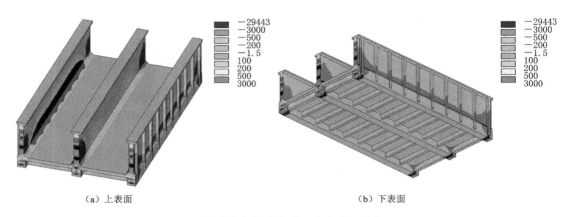

（a）上表面　　　　　　　　　　　　　　　　（b）下表面

图2.22　设计水位排水渡槽竖向应力（单位：kPa）

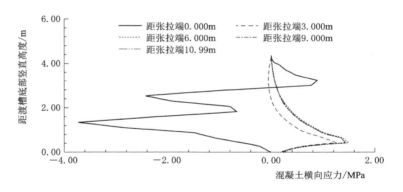

图2.23　设计水位排水渡槽侧墙迎水面混凝土横向应力

4. 麻黄沟排水渡槽变形

渡槽在设计水位下最大竖向位移发生在中墙底部，其最大竖向位移为−1.08mm（向下）（图2.24）。渡槽竖墙下表面中线沿水流方向竖向位移如图2.25所示，边墙要略小于中墙。

5. 设计水位下麻黄沟排水渡槽三维有限元数值分析结果

排除渡槽预应力钢筋锚固部位及支座位置小区域范围的应力集中，渡槽结构应力和变形均满足设计要求。局部应力集中可通过适当的构造措施予以控制或减弱。

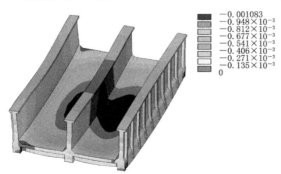

图2.24　设计水位下排水渡槽竖向位移
（单位：m；形变比例1∶1000）

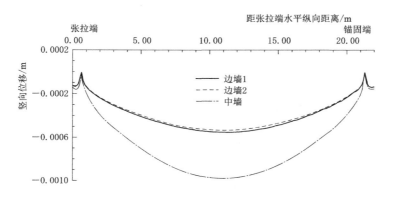

图 2.25 设计水位下排水渡槽纵梁下表面竖向位移

2.2.4 满槽水深麻黄沟排水渡槽三维有限元数值分析

满槽状态的荷载组合为满槽水荷载＋自重＋预应力组合，为短期组合。

1. 麻黄沟排水渡槽纵向应力

排除渡槽预应力钢绞线锚固部位及支座位置局部区域应力集中的情况，渡槽边墙和中墙下表面混凝土基本处于纵向受压状态（图 2.26），边墙跨中下表面混凝土纵向压应力最大值为 −0.36MPa，最小值为 −0.28MPa，平均值为 −0.43MPa，边墙跨中下表面混凝土纵向压应力外侧略大于内侧；中墙跨中下表面混凝土纵向压应力最大值为 −0.10MPa，最小值为 −0.06MPa，平均值为 −0.09MPa；边墙纵向压应力略小于中墙；边墙和中墙下表面混凝土纵向压应力沿水流方向变化不大；在支座附近局部混凝土均存在纵向拉压应力的应力集中现象（图 2.27）。

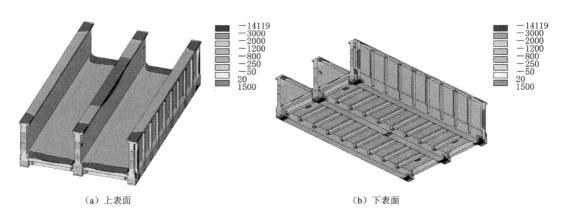

（a）上表面　　　　　　　　　　　　　　　（b）下表面

图 2.26 满槽状态排水渡槽纵向应力（单位：kPa）

渡槽边墙和中墙上表面混凝土两端小区域存在纵向拉应力（图 2.26），边墙上表面混凝土纵向拉应力最大值为 0.26MPa，中墙上表面混凝土纵向拉应力最大值为 0.30MPa；边墙跨中上表面混凝土纵向压应力最大值为 −2.04MPa，最小值为 −1.81MPa，平均值

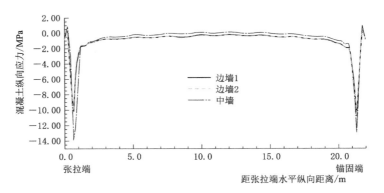

图 2.27　满槽状态下排水渡槽纵梁下表面混凝土纵向应力

为－1.92MPa，边墙跨中上表面混凝土纵向压应力外侧略小于内侧；中墙跨中上表面混凝土纵向压应力最大值为－3.11MPa，最小值为－2.69MPa，平均值为－2.90MPa（图2.28）。

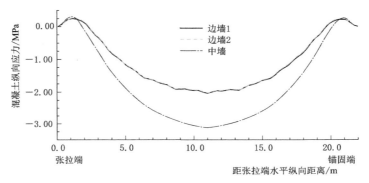

图 2.28　满槽状态下排水渡槽纵梁上表面混凝土纵向应力

渡槽底板跨中上、下表面混凝土纵向应力如图2.29所示，底板跨中位置无横梁，在外水荷载共同作用下，每槽跨中上表面纵向压应力最大值为－1.25MPa，下表面最小值为－0.75MPa，上表面大于下表面，下部对应有横梁的底板混凝土纵向应力分布则比较均匀。总体来讲，底板跨中上、下表面混凝土纵向应力排除外水荷载共同作用下对四边固结板纵向应力的影响，同一高度处纵向压应力数值变化不大（图2.29），满槽状

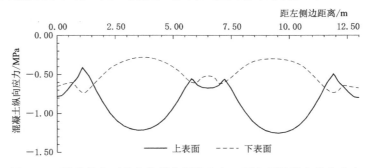

图 2.29　满槽状态下排水渡槽底板跨中上、下表面混凝土纵向应力

态下进行边墙和中墙计算时，底板按跨中上表面到下表面的距离确定计算长度是较为合理的。

排除渡槽预应力钢绞线锚固部位及支座位置局部区域应力集中的情况，其余部位混凝土纵向拉应力最大不超过 1.00MPa。

2. 麻黄沟排水渡槽横向应力

排除渡槽预应力钢绞线锚固部位及支座位置处应力集中的情况，渡槽边墙和中墙混凝土横向拉、压应力数值均较小；渡槽支座端约束较弱，底板上表面混凝土基本处于横向受拉状态，最大横向拉应力值为 1.23MPa；随着与渡槽张拉端和锚固端距离的增加，底板混凝土上表面横向拉应力迅速减小并趋于一横向压应力状态，稳定后混凝土最大横向压应力为 −0.94MPa，且随着与渡槽两端距离的增加，底板同一纵向混凝土横向拉、压应力基本保持不变（图 2.30、图 2.31）。

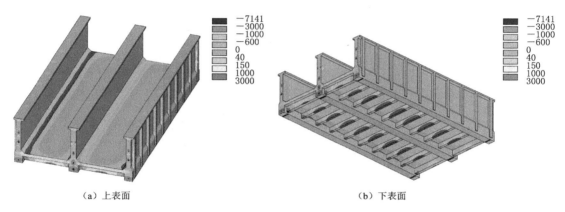

（a）上表面   （b）下表面

图 2.30　满槽状态排水渡槽横向应力（单位：kPa）

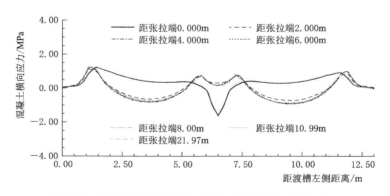

图 2.31　满槽状态排水渡槽底板上表面混凝土横向应力

横梁下表面混凝土在各槽跨中区域存在较大横向拉应力，最大值为 2.43MPa；横梁 1 和横梁 2 下表面混凝土横向应力变化较大，是由于横梁 1 距离渡槽端部较近；高度较大并且受局部应力影响，横梁 3～横梁 5 应力变化较小（图 2.32）。

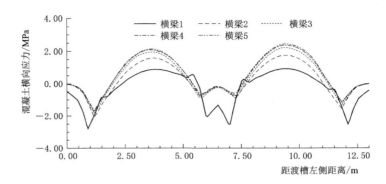

图 2.32　满槽状态排水渡槽横梁下表面中线混凝土横向应力

注　随横梁距离张拉端距离的增加，依次编号为横梁 1～横梁 10，考虑近似对称，故取半。

3. 麻黄沟排水渡槽竖向应力

排除渡槽预应力钢绞线锚固部位及支座位置处应力集中的情况，渡槽竖墙竖向拉应力很小，均不超过 1.93MPa（图 2.33、图 2.34）。

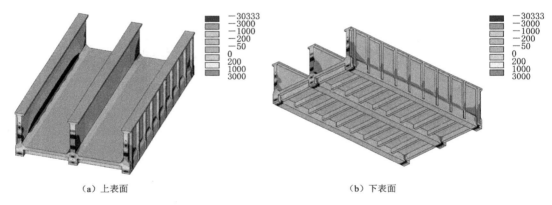

（a）上表面　　　　　　　　　　　　　　　（b）下表面

图 2.33　满槽状态排水渡槽竖向应力（单位：kPa）

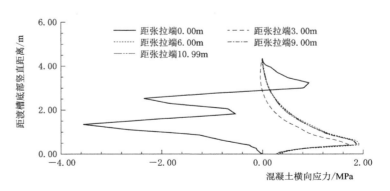

图 2.34　满槽状态排水渡槽侧墙迎水面混凝土横向应力

4. 麻黄沟排水渡槽变形

渡槽在满槽状态下最大竖向位移发生在中墙底部，其最大竖向位移为−1.15mm（向下）（图 2.35）。渡槽各竖墙下表面中线沿水流方向竖向位移如图 2.36 所示，边墙要略小于中墙。

5. 满槽状态下麻黄沟排水渡槽三维有限元数值分析结果

排除渡槽预应力钢筋锚固部位及支座位置小区域范围的应力集中，渡槽结构应力和变形均满足设计要求。局部应力集中可通过适当的构造措施予以控制或减弱。

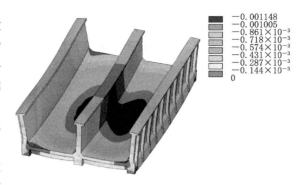

图 2.35　满槽状态下排水渡槽竖向位移
（单位：m；形变比例 1∶1000）

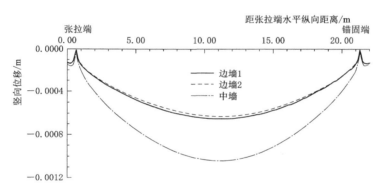

图 2.36　满槽状态下排水渡槽纵梁下表面竖向位移

2.3　预应力排水渡槽运营期三维有限元数值分析小结

根据上述有限元分析表明，麻黄沟排水渡槽在运营期，即空槽、设计水深和满槽水深三种工况下，应力和位移均满足设计要求；局部应力集中需采取构造措施予以调整。

1. 渡槽无水

由于预应力的反拱作用，无水状态下渡槽边墙和中墙下表面混凝土处于纵向受压状态、上表面混凝土除两端局部区域外亦都处于纵向受压状态，且上表面混凝土纵向压应力数值小于下表面。中墙跨中上表面混凝土纵向压应力略大于边墙混凝土。渡槽底板除两端横向拉应力较大外，其他部位底板横向拉应力均较小，最大值出现在中墙与底板交界处。在底板两端位置处约束相对较弱，引起横向拉应力较大，但其最大拉应力未超过混凝土抗裂限值。渡槽纵向跨中部位的横梁横向应力较大，两端较小。排除渡槽预应力钢筋锚固部位及支座位置部位的应力集中，渡槽边墙及中墙两端竖向受压，跨中根部及两端顶部小区域受拉，但竖向应力数值较小，这是由应力在梁、板间重分布所造成的。

2. 渡槽有水

在 50 年一遇洪水和 200 年一遇洪水工况下内力分布规律相似。在洪水作用下，渡槽边墙和中墙下表面混凝土处于纵向受拉状态、上表面混凝土除两端局部区域外都处于纵向受压状态。底板跨中上、下表面混凝土纵向应力排除外水荷载共同作用下对四边固结板纵向应力的影响，同一高度处纵向压应力数值变化不大，边墙和中墙底板按跨中上表面到下表面的距离确定计算长度是较为合理的。局部应力集中可通过适当的构造措施予以控制或减弱。

渡槽底板两端位置处，由于约束较弱引起局部较大的横向拉应力，底板与中墙、边墙交接处均为横向受拉状态。渡槽跨中部位横梁下部横向拉应力较大，两端数值较小。见表 2.2。

有限元分析表明，通过调整预应力钢筋的配置可满足运营和施工阶段的设计要求。

表 2.2　　　　　　　　　排水渡槽运营阶段边墙和中墙跨中位置应力　　　　　　　单位：MPa

渡槽	运营工况	计算方法	边 墙 跨 中		中 墙 跨 中	
			底部	顶部	底部	顶部
麻黄沟排水渡槽	渡槽无水	手工	−0.52	−1.44	−0.66	−1.39
		有限元	−0.34	−1.39	−0.51	−1.39
	50 年一遇洪水	手工	−2.20	−0.32	−3.51	0.31
		有限元	−1.88	−0.42	−2.95	−0.14
	200 年一遇洪水	手工	−2.32	−0.24	−3.72	0.43
		有限元	−2.04	−0.28	−3.11	−0.06

第3章 预应力排水渡槽施工期
三维有限元数值分析

为确定合理的预应力钢筋张拉施工顺序，本章对麻黄沟排水渡槽开展了施工期三维有限元数值分析，数值模型及有限元分析方式与运营期受力状态所建立的 ANSYS 数值模型相同。

要保证排水渡槽在预应力钢筋张拉过程中不产生过大的施工应力和变形，合理设置预应力钢筋的张拉顺序是关键。依据交错布置、对称张拉的原则，对三种类型的渡槽均采用先边墙后中墙、先下部后上部的方式进行预应力钢筋的张拉。通过分析各个预应力钢筋张拉阶段的内力和变形分布规律，可确定最终的适宜预应力钢筋张拉的合理施工顺序。

3.1 麻黄沟排水渡槽预应力钢筋张拉施工顺序

麻黄沟排水渡槽预应力钢筋布置如图 3.1 所示。

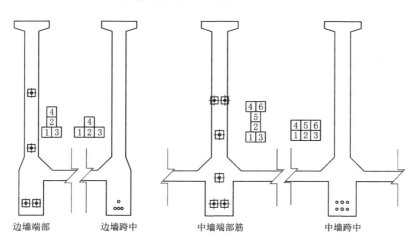

图 3.1 排水渡槽预应力钢筋位置
（图中编号为钢束号）

根据交错布置、对称张拉的原则，按照先边墙后中墙、先下部后上部的方式，确定预应力钢筋张拉施工顺序。

施工阶段 1：对称张拉边墙钢束 1、3 和中墙钢束 1、3。

施工阶段 2：对称张拉边墙钢束 2 和中墙钢束 2。

施工阶段 3：对称张拉边墙钢束 4 和中墙钢束 5。

3.2　施工阶段 1 麻黄沟排水渡槽三维有限元数值分析

1. 麻黄沟排水渡槽纵向应力

排除渡槽预应力钢绞线锚固部位及支座位置局部区域应力集中的情况，渡槽边墙跨中下表面混凝土纵向压应力最大值为 −0.12MPa，拉应力值为 0.03MPa，平均值为 −0.04MPa，边墙跨中下表面混凝土纵向压应力外侧略大于内侧；中墙跨中下表面混凝土纵向应力最大值为 0.26MPa，最小值为 0.15MPa，平均值为 0.21MPa；边墙和中墙下表面混凝土纵向压应力沿水流方向变化不大；在支座附近局部混凝土均存在纵向拉应力的应力集中现象（图 3.2、图 3.3）。

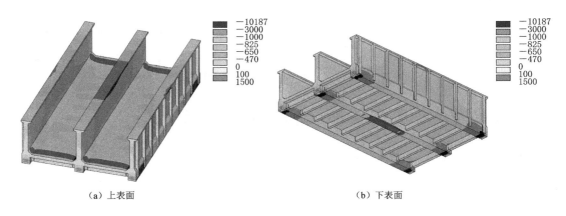

（a）上表面　　　　　　　　　　　（b）下表面

图 3.2　施工阶段 1 排水渡槽纵向应力（单位：kPa）

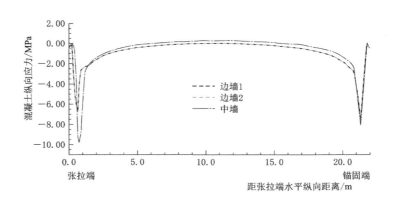

图 3.3　施工阶段 1 排水渡槽纵梁下表面混凝土纵向应力

渡槽边墙和中墙上表面混凝土两端小区域存在纵向拉应力（图 3.2），边墙上表面混凝土纵向拉应力最大值为 0.04MPa，中墙上表面混凝土纵向拉应力最大值为 0.03MPa；边墙跨中上表面混凝土纵向压应力最大值为 −1.17MPa，最小值为 −0.85MPa，平均值为 −1.01MPa，边墙跨中上表面混凝土纵向压应力外侧略小于内侧；中墙跨中上表面混凝土纵向压应力最大值为－1.45MPa，最小值为－1.35MPa，平均值为－1.40MPa（图 3.4）。

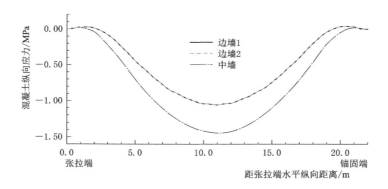

图 3.4　施工阶段 1 排水渡槽纵梁上表面混凝土纵向应力

渡槽底板跨中上、下表面混凝土纵向应力如图 3.5 所示，上表面最大纵向应力约为－0.51MPa，下表面约为－0.31MPa，上表面要大于下表面。

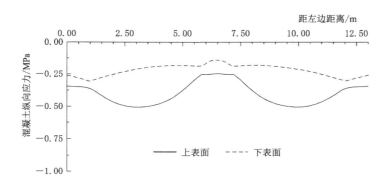

图 3.5　施工阶段 1 排水渡槽底板跨中上、下表面混凝土纵向应力

排除应力集中的情况，其余部位混凝土纵向拉应力最大不超过 0.40MPa。

2. 麻黄沟排水渡槽横向应力

排除渡槽预应力钢绞线锚固部位及支座位置处应力集中的情况，渡槽边墙和中墙混凝土横向拉、压应力数值均较小；渡槽支座端约束较弱，各槽底板混凝土在支座断面均有横向拉应力存在，底板混凝土上表面横向应力在支座断面处为－0.01MPa；随着与渡槽张拉端和锚固端距离的增加，底板混凝土上表面横向压应力迅速增加并趋于稳定，稳定后最大横向压应力为－0.44MPa，且随着与渡槽两端距离的增加，底板同一纵向混凝土横向压应力基本保持不变（图 3.6、图 3.7）。

横梁下表面混凝土在各槽跨中区域存在较大横向拉应力，最大值为 0.85MPa；横梁 1 和横梁 2 下表面混凝土横向应力变化较大，是由于横梁 1 距离渡槽端部较近，高度较大并且受局部应力影响，横梁 3～横梁 5 应力变化较小（图 3.8）。

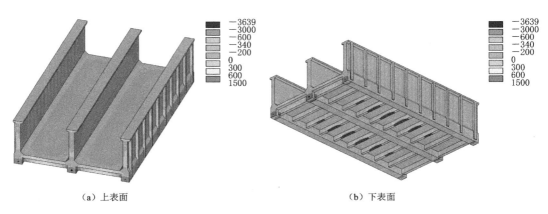

（a）上表面　　　　　　　　　　　　　　　（b）下表面

图 3.6　施工阶段 1 排水渡槽横向应力（单位：kPa）

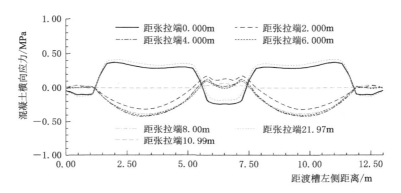

图 3.7　施工阶段 1 排水渡槽底板上表面混凝土横向应力

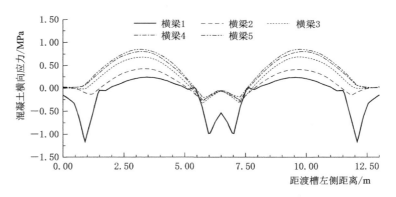

图 3.8　施工阶段 1 排水渡槽横梁下表面中线混凝土横向应力

注　随横梁距离张拉端距离的增加，依次编号为横梁 1～横梁 10，考虑近似对称，故取半。

3. 麻黄沟排水渡槽竖向应力

排除渡槽预应力钢绞线锚固部位及支座位置处应力集中的情况，渡槽竖墙竖向拉应力很小，均不超过 0.5MPa（图 3.9）。

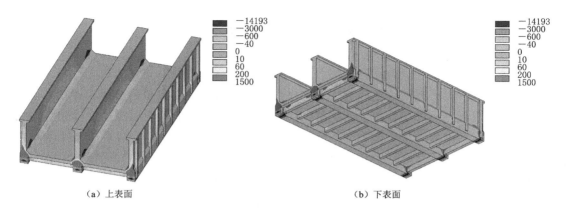

（a）上表面　　　　　　　　　　　（b）下表面

图 3.9　施工阶段 1 排水渡槽竖向应力（单位：kPa）

4. 麻黄沟排水渡槽变形

渡槽最大竖向位移发生在中墙顶
部，由于预应力和自重共同作用渡槽
跨中最大竖向位移为 0.55mm（向
下）（图 3.10）。渡槽竖墙下表面中线
沿水流方向竖向位移如图 3.11 所示，
边墙小于中墙。

**5. 施工阶段 1 状态下麻黄沟渡槽
三维有限元数值分析结果**

排除渡槽预应力钢筋锚固部位及
支座位置小区域范围的应力集中，渡
槽结构应力和变形均满足设计要求。
局部应力集中可通过适当构造措施予
以控制或减弱。

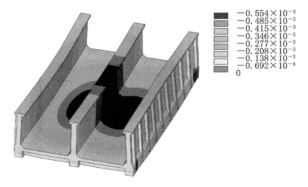

图 3.10　施工阶段 1 排水渡槽竖向位移
（单位：m；形变比例 1∶1000）

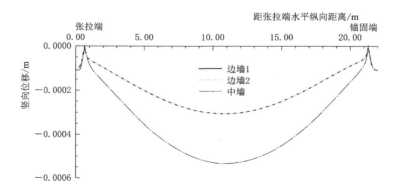

图 3.11　施工阶段 1 排水渡槽纵梁下表面竖向位移

3.3 施工阶段2麻黄沟排水渡槽三维有限元数值分析

1. 麻黄沟排水渡槽纵向应力

排除渡槽预应力钢绞线锚固部位及支座位置局部区域应力集中的情况，渡槽边墙和中墙下表面混凝土均处于纵向受压状态（图3.12），边墙跨中下表面混凝土纵向压应力最大值为-0.76MPa，最小值为-0.60MPa，平均值为-0.69MPa，边墙跨中下表面混凝土纵向压应力外侧略大于内侧；中墙跨中下表面混凝土纵向应力最大值为-0.38MPa，最小值为-0.27MPa，平均值为-0.33MPa；边墙和中墙下表面混凝土纵向压应力沿水流方向变化不大；在支座附近局部混凝土均存在纵向拉应力的应力集中现象（图3.13）。

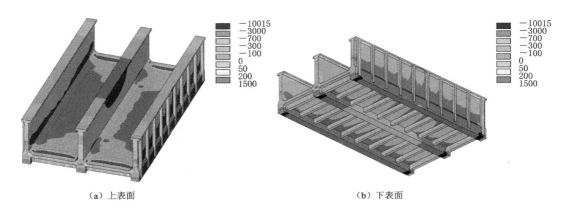

（a）上表面 （b）下表面

图3.12 施工阶段2排水渡槽纵向应力（单位：kPa）

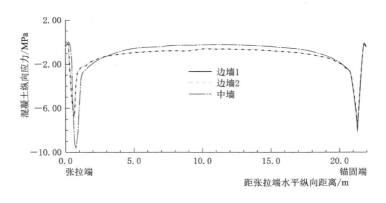

图3.13 施工阶段2排水渡槽纵梁下表面混凝土纵向应力

渡槽边墙和中墙上表面混凝土两端小区域存在纵向拉应力（图3.12），边墙上表面混凝土纵向拉应力最大值为0.16MPa，中墙上表面混凝土纵向拉应力最大值为0.05MPa；边墙跨中上表面混凝土纵向压应力最大值为-0.82MPa，最小值为-0.48MPa，平均值

为 −0.65MPa，边墙跨中上表面混凝土纵向压应力外侧略小于内侧；中墙跨中上表面混凝土纵向压应力最大值为 −1.11MPa，最小值为 −1.01MPa，平均值为 −1.06MPa（图 3.14）。

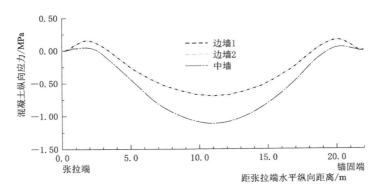

图 3.14　施工阶段 2 排水渡槽纵梁上表面混凝土纵向应力

渡槽底板跨中混凝土上、下表面纵向应力最大值如图 3.15 所示，上表面约为 −0.83MPa，下表面约为 −0.78MPa，上表面要大于下表面。

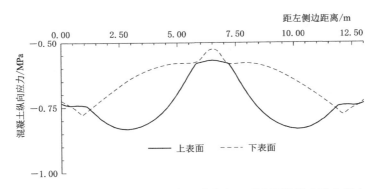

图 3.15　施工阶段 2 排水渡槽底板跨中上、下表面混凝土纵向应力

排除应力集中的情况，其余部位混凝土纵向拉应力最大不超过 0.40MPa。

2. 麻黄沟排水渡槽横向应力

排除渡槽预应力钢绞线锚固部位及支座位置处应力集中的情况，渡槽边墙和中墙混凝土横向拉、压应力数值均较小；渡槽支座端约束较弱，各槽底板混凝土在支座断面均有横向拉应力存在，且上表面要大于下表面，底板混凝土上表面横向应力在支座断面处为 0.15MPa；随着与渡槽张拉端和锚固端距离的增加，底板混凝土上表面横向压应力迅速增加并趋于稳定，稳定后最大横向压应力为 −0.47MPa，且随着与渡槽两端距离的增加，底板同一纵向混凝土横向压应力基本保持不变（图 3.16、图 3.17）。

横梁下表面混凝土在各槽跨中区域存在较大横向拉应力，最大值为 0.87MPa；横梁 1 和横梁 2 下表面混凝土横向应力变化较大，是由于横梁 1 距离渡槽端部较近，高度较大并且受局部应力影响，横梁 3～横梁 5 应力变化较小（图 3.18）。

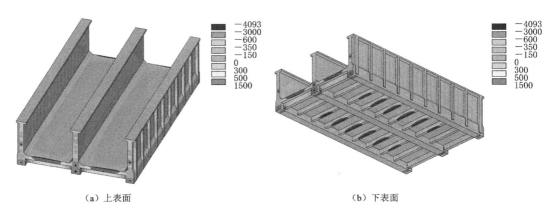

（a）上表面　　　　　　　　　　　　　　（b）下表面

图 3.16　施工阶段 2 排水渡槽横向应力（单位：kPa）

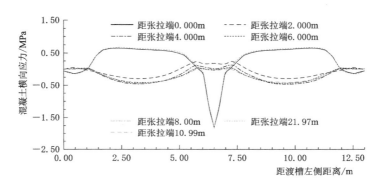

图 3.17　施工阶段 2 排水渡槽底板上表面混凝土横向应力

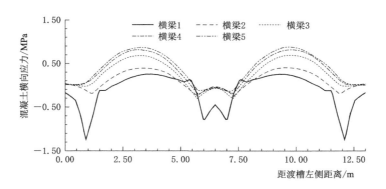

图 3.18　施工阶段 2 排水渡槽横梁下表面中线混凝土横向应力

注　随横梁距离张拉端距离的增加，依次编号为横梁 1～横梁 10，考虑近似对称，故取半。

3. 麻黄沟排水渡槽竖向应力

排除渡槽预应力钢绞线锚固部位及支座位置处应力集中的情况，渡槽竖墙竖向应力很小，均不超过 0.5MPa（图 3.19）。

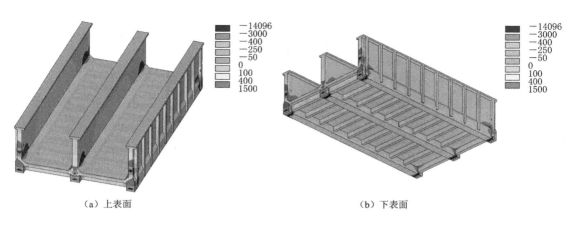

（a）上表面　　　　　　　　　　　（b）下表面

图 3.19　施工阶段 2 排水渡槽竖向应力（单位：kPa）

4. 麻黄沟排水渡槽变形

渡槽在空槽状态下最大竖向位移发
生在中墙顶部，由于预应力和自重共同
作用渡槽跨中最大竖向位移为 0.304mm
（向下）（图 3.20）。渡槽竖墙下表面中
线沿水流方向竖向位移如图 3.21 所示，
边墙小于中墙。

**5. 施工阶段 2 状态下麻黄沟渡槽
三维有限元数值分析结果**

排除渡槽预应力钢筋锚固部位及支
座位置小区域范围的应力集中外，渡槽
结构应力和变形均满足设计要求。局部
应力集中可通过适当构造措施予以控制或减弱。

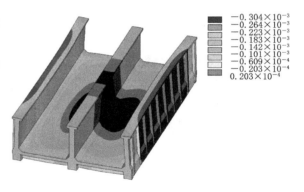

图 3.20　施工阶段 2 排水渡槽竖向位移
（单位：m；形变比例 1∶1000）

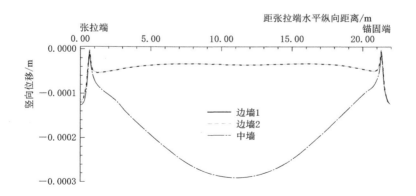

图 3.21　施工阶段 2 排水渡槽纵梁下表面竖向位移

3.4　施工阶段3麻黄沟排水渡槽三维有限元数值分析

1. 麻黄沟排水渡槽纵向应力

排除渡槽预应力钢绞线锚固部位及支座位置局部区域应力集中的情况，渡槽边墙和中墙下表面混凝土均处于纵向受压状态（图3.22），边墙跨中下表面混凝土纵向压应力最大值为-1.34MPa，最小值为-1.16MPa，平均值为-1.26MPa，边墙跨中下表面混凝土纵向压应力外侧略大于内侧；中墙跨中下表面混凝土纵向应力最大值为-0.82MPa，最小值为-0.71MPa，平均值为-0.77MPa；边墙和中墙下表面混凝土纵向压应力沿水流方向变化不大；在支座附近局部混凝土均存在纵向拉应力的应力集中现象（图3.23）。

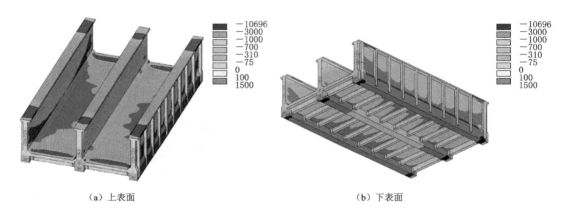

（a）上表面　　　　　　　　　　　　　（b）下表面

图3.22　施工阶段3排水渡槽纵向应力（单位：kPa）

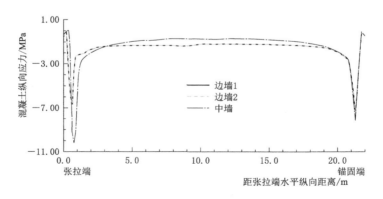

图3.23　施工阶段3排水渡槽纵梁下表面混凝土纵向应力

渡槽边墙和中墙上表面混凝土两端小区域存在纵向应力（图3.22），边墙上表面混凝土纵向拉应力最大值为0.30MPa，中墙上表面混凝土纵向拉应力最大值为0.13MPa；边墙跨中上表面混凝土纵向压应力最大值为-0.57MPa，最小值为-0.21MPa，平均值为−0.39MPa，边墙跨中上表面混凝土纵向压应力外侧略大于内侧；中墙跨中上表面混凝土纵向压应力最大值为−0.88MPa，最小值为−0.78MPa，平均值为−0.83MPa（图3.24）。

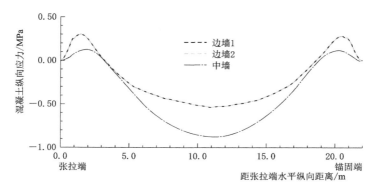

图3.24 施工阶段3排水渡槽纵梁上表面混凝土纵向应力

渡槽底板跨中上、下表面混凝土纵向应力如图3.25所示，上表面最大值为−1.10MPa，下表面最大值约为−1.19MPa。

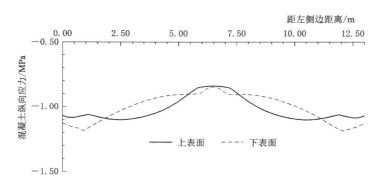

图3.25 施工阶段3排水渡槽底板跨中上、下表面混凝土纵向应力

排除应力集中的情况，其余部位混凝土纵向拉应力最大不超过0.50MPa。

2. 麻黄沟排水渡槽横向应力

排除渡槽预应力钢绞线锚固部位及支座位置处应力集中的情况，渡槽边墙和中墙混凝土横向拉、压应力数值均较小；渡槽支座端约束较弱，槽底板混凝土在支座断面均有横向拉应力存在，且上表面要大于下表面，底板混凝土上表面横向应力在支座断面处为0.27MPa；随着与渡槽张拉端和锚固端距离的增加，底板混凝土上表面横向压应力迅速增加并趋于稳定，稳定后最大横向压应力为−0.51MPa，且随着与渡槽两端距离的增加，底板同一纵向混凝土横向压应力基本保持不变（图3.26、图3.27）。

横梁下表面混凝土在各槽跨中区域存在较大横向拉应力，最大值为0.90MPa；横梁1和横梁2下表面混凝土横向应力变化较大，是由于横梁1距离渡槽端部较近且高度较大并且受局部应力影响，横梁3～横梁5应力变化较小（图3.28）。

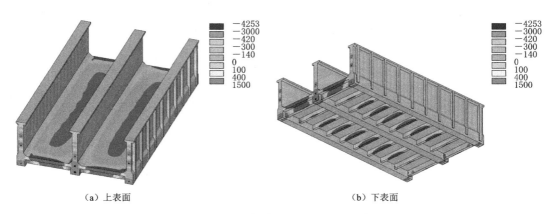

（a）上表面　　　　　　　　　　　　　　（b）下表面

图 3.26　施工阶段 3 排水渡槽横向应力（单位：kPa）

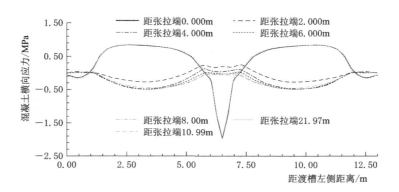

图 3.27　施工阶段 3 排水渡槽底板上表面混凝土横向应力

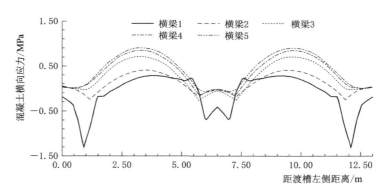

图 3.28　施工阶段 3 排水渡槽横梁下表面中线混凝土横向应力

注　随横梁距张拉端距离的增加，依次编号为横梁 1～横梁 10，考虑近似对称，故取半。

3. 麻黄沟排水渡槽竖向应力

排除渡槽预应力钢绞线锚固部位及支座位置处应力集中的情况，渡槽竖墙竖向拉应力很小，均不超过 0.6MPa（图 3.29）。

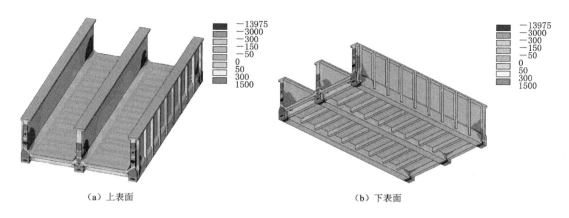

（a）上表面 （b）下表面

图3.29 施工阶段3排水渡槽竖向应力（单位：kPa）

4. 麻黄沟排水渡槽变形

渡槽最大竖向位移发生在中墙顶部，由于预应力和自重共同作用渡槽跨中最大竖向位移为0.238mm（向上）（图3.30）。渡槽竖墙下表面中线沿水流方向竖向位移如图3.31所示，边墙要略小于中墙。

5. 施工阶段3状态下麻黄沟渡槽三维有限元数值分析结果

排除渡槽预应力钢筋锚固部位及支座位置小区域范围的应力集中，渡槽结构应力和变形均满足设计要求。局部应力集中可通过适当构造措施予以控制或减弱。

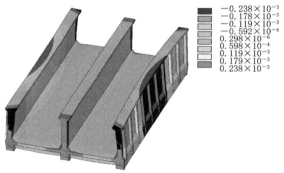

图3.30 施工阶段3排水渡槽竖向位移（单位：m；形变比例1:1000）

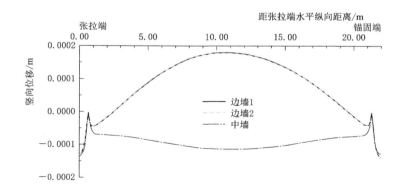

图3.31 施工阶段3排水渡槽纵梁下表面竖向位移

3.5 麻黄沟排水渡槽预应力钢筋张拉施工顺序小结

3个施工阶段有限元分析表明，麻黄沟排水渡槽预应力钢筋张拉施工顺序满足应力验算和形变控制要求，因此张拉顺序施工是能够保证工程顺利开展的。

第4章　预应力排水渡槽温度效应三维有限元数值分析

由于夏季受太阳辐射影响，预应力槽身侧墙表面升温较高，而排水渡槽基本为东西方向且又长期处于无水状态，造成槽身结构内外温差较大，使槽身横向和纵向均产生较大的温度应力。

4.1　温度荷载分析

4.1.1　常年温度变化

常年温度变化是一种比较缓慢的周期性变化，冬冷夏热，变化相对比较简单。在考虑年温度对结构的影响时，均以结构物的平均温度为依据，一般规定以最高与最低月平均温度的变化值为年温度变化幅度。

4.1.2　短期温度变化

包括日照温度变化和骤然降温温度变化。影响日照温度变化的因素很多，主要有：太阳的直接辐射、天空辐射、地面和水面反射、气温变化、风速以及附近的地形等。渡槽槽身由于日照温度变化引起的表面和内部温度变化，是一个随机变化的复杂函数。骤然降温温度变化是一种无规律的温度变化，是指水工混凝土结构在冷空气侵袭下，结构外表面迅速降温，在渡槽槽墩形成内高外低的温度分布状态。

4.2　温度边界条件的确定

4.2.1　按照非线性温度场传热过程确定温度边界

根据日照方向和不同时段考虑太阳辐射升温，由于槽体较薄，渡槽边界温度按照按年变化平均温度取值，折算有效温度。根据太阳辐射变化和表面朝向方位角，确定混凝土顶缘板太阳辐射面最高温度、背太阳侧壁板外表面最高温度、向太阳侧壁板外表面最高温度。该方法最为精确，但由于温度变化的复杂性往往难以在数值上实现。

4.2.2　参考《公路桥涵设计通用规范》（JTG D60—2015）确定

渡槽槽身受日照影响使结构产生的梯度温度变化与桥梁结构非常相似，与桥梁不同之处是渡槽侧壁直接受到太阳辐射的影响，桥梁由于较宽翼缘板的作用，只有桥面直接受太阳辐射影响，箱梁侧墙基本不受影响；排水渡槽长期无水，槽身内与公路桥箱梁内一样均为空气。因此槽身非太阳照射面可直接取温度值。侧壁温度按照梯度温度场选取。冬季不考虑太阳辐射温度梯度的作用，直接取与大气接触面温度为空气温度。

4.3 麻黄沟排水渡槽三维有限元稳态温度场数值分析

4.3.1 渡槽采用的温度边界条件

考虑排水渡槽基本以东西方向过水，且长期处于无水状态，侧墙和中墙太阳辐射面沿壁厚按规范《公路桥涵设计通用规范》（JTG D60—2015）确定温度变化规律；出于安全考虑，底板全部设为太阳辐射面，侧壁温度按照梯度温度场选取。

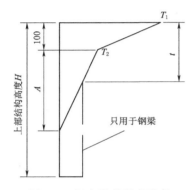

图 4.1 竖向梯度温度示意

对于预应力排水渡槽，太阳曝晒引起的温度效应将削弱渡槽的预应力效果，而降温则是相对有利的，因此本书以麻黄沟排水渡槽为研究对象，仅对渡槽长期无水整体升温太阳曝晒的状况进行了探讨和研究。考虑到不同季节的温度变化，以及夏季日温度变化，对于有限元模型采用温度场来模拟实际温度变化，取整体温升为20℃。温度边界参考《公路桥涵设计通用规范》（JTG D60—2015）确定，侧墙和中墙曝晒面沿壁厚按规范确定温度变化规律；基于安全考虑，底板全部设为太阳辐射面，侧壁温度按照梯度温度场选取，$T_1=25℃$，$T_2=7℃$（图4.1）。

麻黄沟排水渡槽日照温升温度分布如图4.2所示。

麻黄沟排水渡槽荷载组合为温度荷载＋自重＋预应力组合。

4.3.2 渡槽纵向应力

排除渡槽预应力钢绞线锚固部位及支座位置处的应力集中，渡槽左边墙底面应力分布

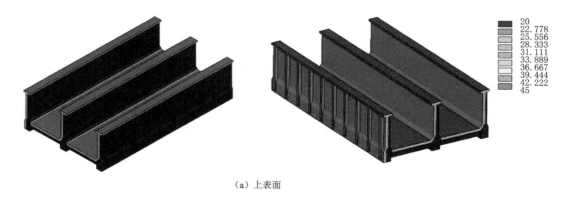

（a）上表面

图 4.2（一） 排水渡槽日照温升温度分布图（温升相对值，单位：℃）

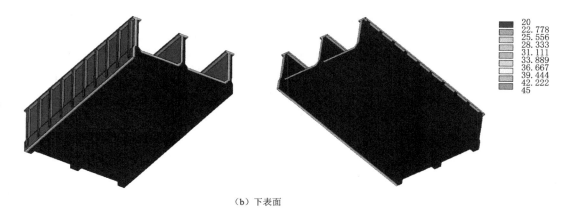

（b）下表面

图 4.2（二） 排水渡槽日照温升温度分布图（温升相对值，单位：℃）

不均匀，应力数值变化较大，其中左边靠曝晒面处于受压状态，压应力较大，最大值为—9.35MPa，平均值为—8.57MPa；边墙下表面中线位置基本处于受压状态，但压应力较小，最大值为—1.34MPa，平均值为—0.56MPa；边墙下表面背阳面跨中位置存在纵向拉应力，拉应力最大值为0.204MPa，平均值为—0.29MPa（图4.3、图4.4）。左边墙顶

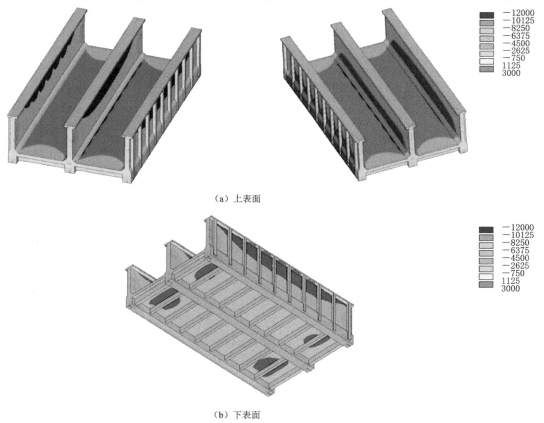

（a）上表面

（b）下表面

图 4.3 排水渡槽纵向应力（单位：kPa）

面基本全受压，其中左边靠曝晒面跨中受压，两端由于约束的减弱，小部分区域存在纵向拉应力，跨中最大压应力为－6.66MPa，两端最大拉应力为 0.45MPa，平均值为－4.68MPa；中线位置全部受压，跨中较大，两端较小，最大压应力为－7.29MPa，平均值为－6.51MPa；右边沿位置跨中压应力略小，靠近两端位置压应力最大，最大为－7.69MPa，平均值为－6.95MPa（图 4.6）。左边墙外侧（曝晒面）由于温升膨胀受压，背阳面则相应受拉，其中外侧（曝晒面）下部压应力较大，向上压应力逐渐减小，下部最大压应力约为－9.43MPa；内侧（背阳面）下部拉应力较小，向上逐渐增大，跨中较大，两端较小；内侧接近顶部跨中位置存在应力集中，该区域较小，最大拉应力达2.52MPa（图 4.3、图 4.8 和图 4.10）。

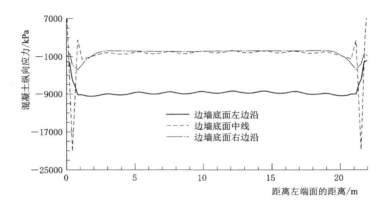

图 4.4　左边墙底面纵向应力图

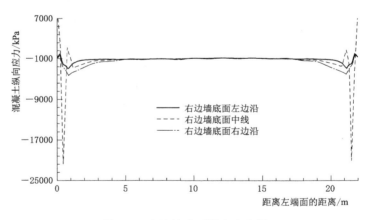

图 4.5　右边墙底面纵向应力图

　　中墙底面纵向受压，纵向应力分布在左边沿、中线、右边沿，三个位置差距不大，中线位置略大，其最大值为－2.12MPa，两边沿较小，总平均值为－1.16MPa（图 4.12）。中墙顶部纵向基本全部受压，仅在左边沿端部小区域出现拉应力；中线位置压应力较均匀，平均值为－6.06MPa，左边沿两端出现较小的拉应力，最大为 0.41MPa，跨中受压，

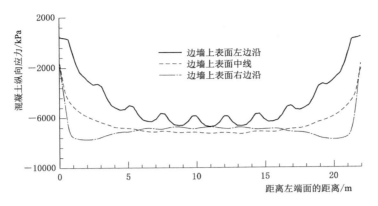

图 4.6 左边墙顶面纵向应力图

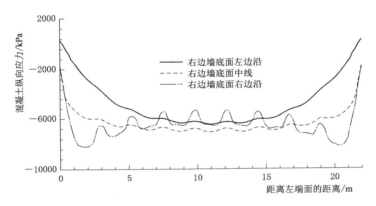

图 4.7 右边墙顶面纵向应力图

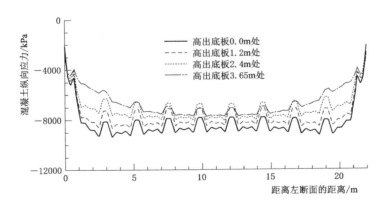

图 4.8 左边墙外侧纵向应力图

最大值为 −5.59MPa,平均值为 −4.31MPa,右边沿最大值出现在距离端部 1.4m 处,最大为 −7.64MPa(图 4.13)。中墙左侧面(曝晒面)纵向受压,下部压应力较大,向上递减,沿纵向应力分布比较均匀;最下部纵向应力平均值为 −9.23MPa,顶端纵向应力平均值为 −6.46MPa(图 4.14)。中墙右侧面(背阳面)最下端受压,压应力较小,由

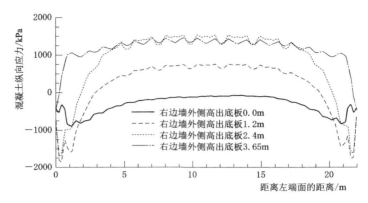

图 4.9　右边墙外侧纵向应力图

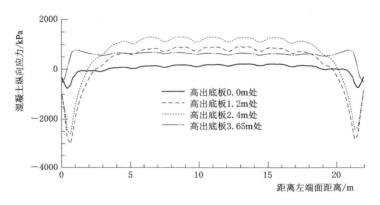

图 4.10　左边墙内侧纵向应力

于温度作用，向上逐渐变为拉应力，最大拉应力出现在侧墙顶端跨中部位，其值为 2.21MPa（图 4.15）。

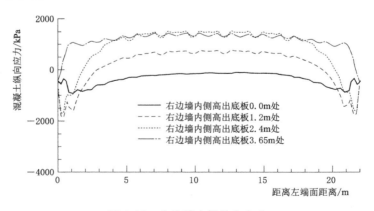

图 4.11　右边墙内侧纵向应力

　　右边墙梁底由于全部背阳，应力相对左边墙较为均匀。左边沿、中线和右边沿纵向应力值相差不大，比较均匀，底部纵向应力平均值为 −1.38MPa（图 4.5）。梁顶规律同中

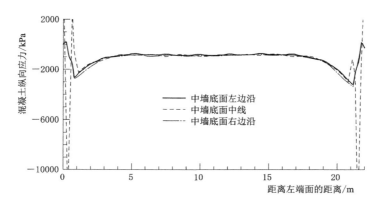

图 4.12　中墙底面纵向应力图

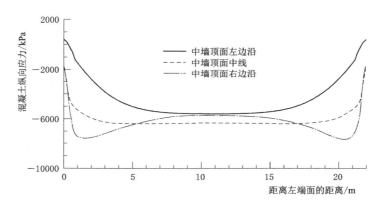

图 4.13　中墙顶面纵向应力图

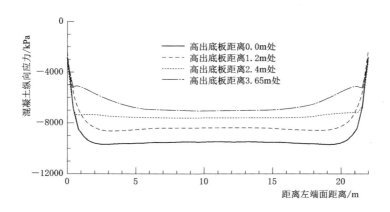

图 4.14　中墙曝晒面纵向应力

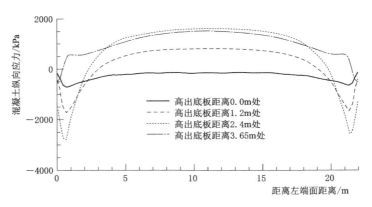

图 4.15　中墙背阳面纵向应力图

梁，基本上全部区域纵向受压，左边沿及中线位置都是跨中压应力较大，两端较小，左边沿最大压应力出现在距离端部 1.45m 处，最大压应力值为 -8.23MPa。其中左边沿平均值为 -4.68MPa，中线平均值为 -6.32MPa，右边沿平均值为 -6.51MPa（图 4.7）。

内侧墙（曝晒面）纵向受压，其变化规律与中墙曝晒面规律一致（图 4.9），最大压应力出现在底部，值为 -9.82MPa，向上压应力递减。外侧墙（背阳面）则纵向受拉，下部拉应力较小，上部拉应力较大，两端拉应力较小，跨中较大。外侧墙最大拉应力出现在侧墙顶部跨中，值为 2.49MPa（图 4.11）。

渡槽底板上表面纵向受压，跨中部位压应力较大，两端由于约束较弱，压应力较小（图 4.16）；最大压应力出现在跨中位置，其数值为 -10.13MPa，跨中底板压应力值为 -9.5MPa 左右。渡槽底板下表面纵向受拉，在靠近两端位置出现较大的拉应力区域（图 4.17），最大拉应力出现在距离端部 4m 处，值为 1.68MPa。

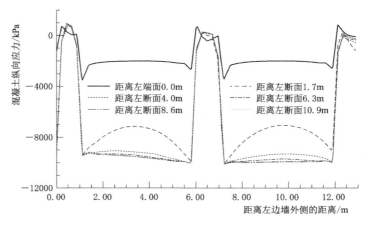

图 4.16　底板上表面纵向应力

根据上述分析表明，中墙和边墙上部跨中区域背阳面局部纵向应力略大于 2.13MPa，将产生温度裂缝，但其范围较小，超出数值不多，且为空槽状态，因此对渡槽输水状态下的影响可忽略不计。

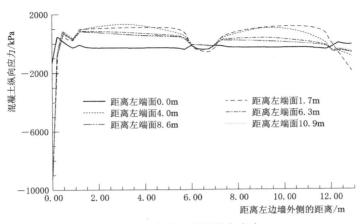

图 4.17 底板下表面纵向应力

4.3.3 渡槽横向应力

排除渡槽预应力钢绞线锚固部位及支座位置处的应力集中，渡槽边墙及中墙除顶部区域外横向拉应力不大，均不超过 0.5MPa，曝晒面与背阳面差距较小。中墙和边墙顶部横向受压，中线压应力相对两边沿位置较大（图 4.18）；左边墙中线应力值受侧肋影响出现

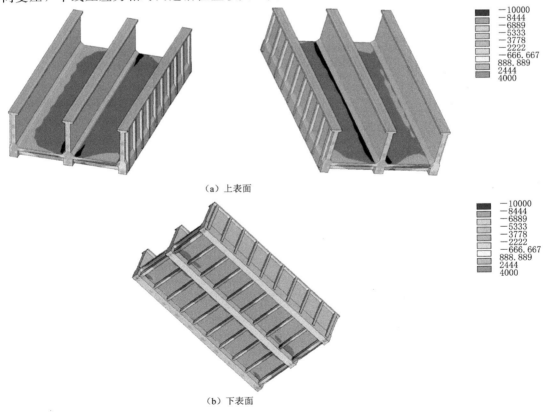

图 4.18 排水渡槽横向应力（单位：kPa）

波动，但幅度不大，平均值为-4.01MPa，左边沿平均值为0.28MPa，右边沿平均值为-0.26MPa（图4.19）；右边墙中线压应力受侧肋影响出现波动变化较为明显，中线平均值为-4.30MPa，左边沿平均值为0.21MPa，右边沿平均值为0.34MPa（图4.20）；中墙中线应力值较为均匀，平均值为-4.30MPa，左边沿平均值为0.30MPa，右边沿平均值为-0.28MPa（图4.21）。

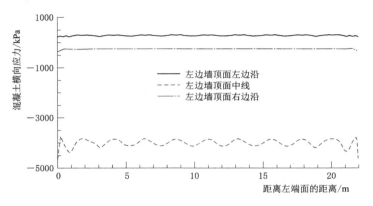

图4.19 左边墙顶面横向应力

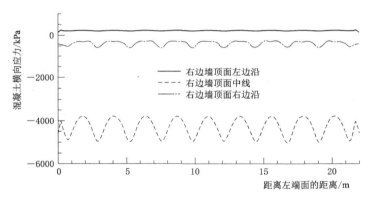

图4.20 右边墙顶面横向应力

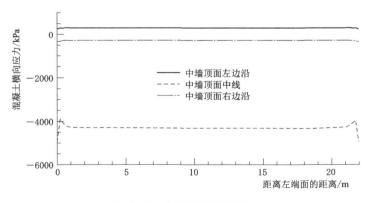

图4.21 中墙顶面横向应力

底板上表面横向受压，跨中位置应力值较为均匀，但渡槽两端中墙与底板交界处均出现了较大的压应力，靠近边墙位置处压应力较靠近中墙位置处略小，跨中部位压应力为－7.5MPa 左右，底板上表面总的平均横向应力为－5.46MPa（图 4.23）。底板下表面横向受拉，中墙与底板交界处拉应力较大，在两端约束较弱，底板下表面横向应力较大，最大值为 4.37MPa，这也是底板下表面最大的拉应力，但该区域范围较小，底板下表面跨中平均横向应力为 1.58MPa（图 4.24）。

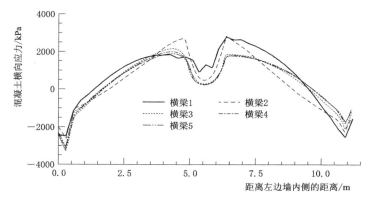

图 4.22　下部横梁下表面横向应力

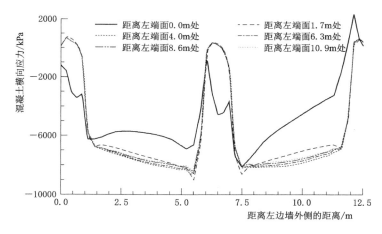

图 4.23　底板上表面横向应力

底部横梁在靠近边墙一侧横向受压，在靠近中墙一侧横向受拉，并且拉应力较大（图 4.22），各横梁应力同一位置相差不大，靠近跨中的较大，其最大压应力值约为－2.50MPa，最大横向拉应力值出现在第二根横梁与中梁交界处，其数值为 2.65MPa。（注：横梁从左端面开始依次为横梁 1～横梁 10，结构对称，故做图时只选取横梁 1～横梁 5。）

4.3.4　渡槽竖向应力

排除渡槽预应力钢绞线锚固部位及支座位置处的应力集中，渡槽边墙及中墙均竖向受压；同一侧面底部压应力相对大于顶部，同一竖墙曝晒面压应力大于背阳面。但无论背阳

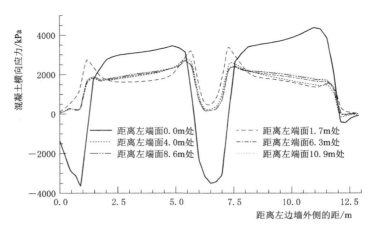

图 4.24　底板下表面横向应力

面、曝晒面，底部与顶部的应力值差距均不大，分布相对均匀。左边墙外侧平均压应力为－4.14MPa，内侧平均压应力为－2.13MPa；右边墙外侧平均压应力为－0.72MPa，内侧平均压应力为－5.14MPa；中墙曝晒面平均压应力为－4.94MPa，背阳面平均压应力为－1.98MPa（图4.25～图4.31）。

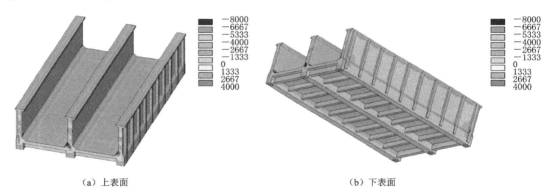

（a）上表面　　　　　　　　　　　　　　　（b）下表面

图 4.25　排水渡槽竖向应力（单位：kPa）

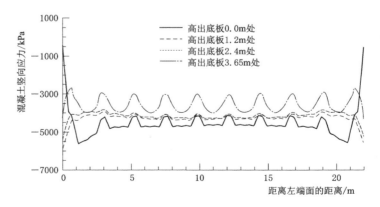

图 4.26　左边墙外侧竖向应力

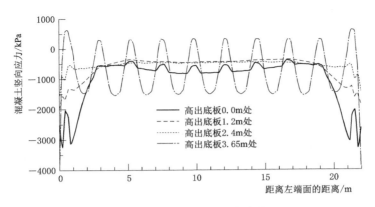

图 4.27 右边墙外侧竖向应力

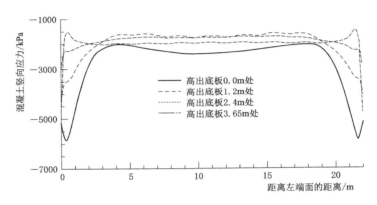

图 4.28 左边墙内侧竖向应力

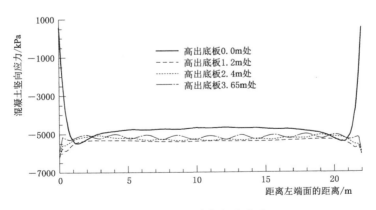

图 4.29 右边墙内侧竖向应力

底板上表面及下表面均竖向受压,除边墙、中墙与底板交界处出现较大的应力值外,其他位置的压应力分布比较均匀,且应力值较小。底板上表面最大拉应力出现在中墙与底板的交界线一端,区域较小,最大值为3.3MPa,最大压应力也出现在中墙与底板的交界线,距离左端6.5m处,最大为-3.01MPa,底板上表面平均应力为-0.10MPa。底板下

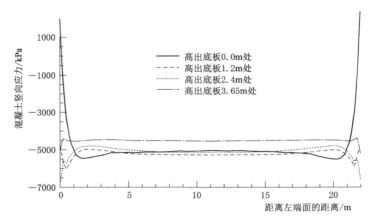

图 4.30　中墙曝晒面竖向应力

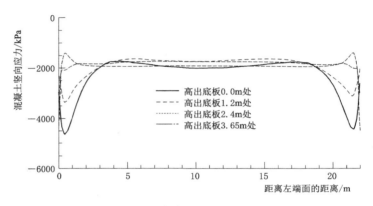

图 4.31　中墙背阳面竖向应力

表面最大压应力出现在左边墙与底板的交界处，最大为 $-2.76MPa$，其他部位应力值均较小，底板下表面平均应力值为 $-0.07MPa$（图 4.32、图 4.33）。

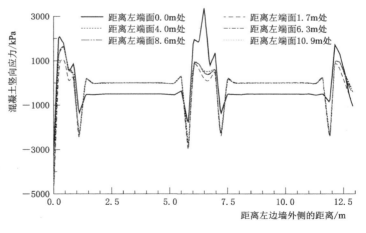

图 4.32　底板上表面竖向应力

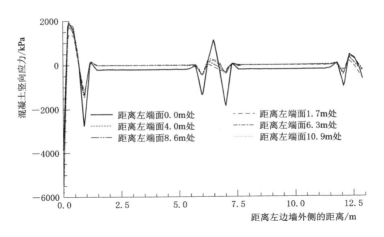

图 4.33　底板下表面竖向应力

4.3.5　渡槽第一主应力

排除渡槽预应力钢绞线锚固部位及支座位置处的应力集中，边墙、中墙曝晒面第一主应力值较小，均不超过 $-0.4MPa$，曝晒面与顶板交界处存在压应力，平均为 $-2.0MPa$。背阳面跨中受拉，拉应力较大，中墙背阳面拉应力区域较大，应力值也较大，最大拉应力为 $2.65MPa$（图 4.34）。

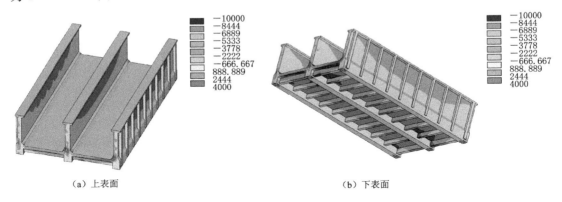

（a）上表面　　　　　　　　　　　　　　（b）下表面

图 4.34　排水渡槽第一主应力（单位：kPa）

底板上表面、下表面第一主应力较小，且比较均匀，均在 $0.1MPa$ 以内。与边墙、中墙交界处存在较大的第一主应力，最大压应力为 $-2.59MPa$，最大拉应力出现在最左端中墙与底板交界处，最大为 $4.5MPa$，但区域很小。

4.3.6　渡槽变形

整个渡槽结构向上反拱，中墙位移较边墙略大，最大竖向位移发生在中墙顶部向阳侧跨中位置，位移值为 $2.99mm$（图 4.35～图 4.40）。

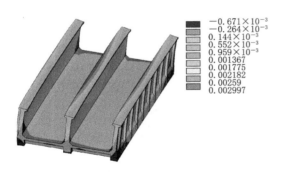

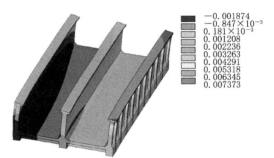

图 4.35　排水渡槽竖向位移
（单位：m；形变比例 1∶100）

图 4.36　排水渡槽横向位移
（单位：m；形变比例 1∶100）

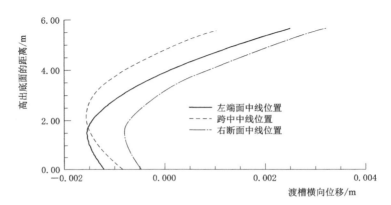

图 4.37　左边墙沿竖墙方向的横向位移

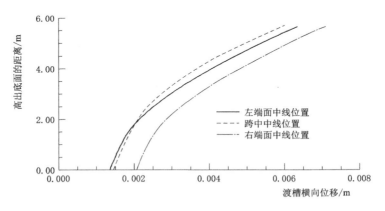

图 4.38　右边墙沿竖墙方向的横向位移

渡槽梁顶存在较明显的横向位移，偏向背阳面（图 4.36）。两端的横向位移比跨中大，边墙横向位移比中墙大，最大横向位移出现在右边墙外边沿，其数值为 7.37mm（图 4.37～图 4.39）。

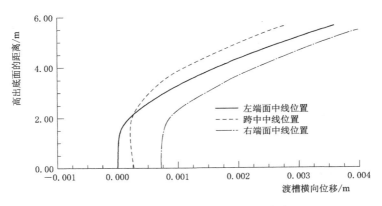

图 4.39 中墙沿竖墙方向的横向位移

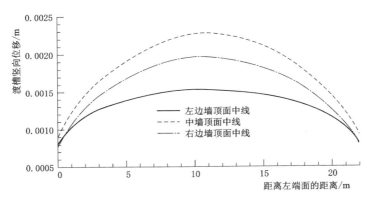

图 4.40 各个纵墙上表面竖向位移

4.3.7 温度效应对渡槽内力的影响

　　有限元分析表明,排水渡槽在长期无水、整体升温、太阳曝晒的状况下,受太阳辐射的左边墙在非辐射面产生较大的纵向拉应力,不考虑温度效应时则处于纵向受压状态,太阳辐射面基本处于纵向受压状态,边墙底部纵向应力变化比较剧烈。右边墙和中墙底板以上位置受太阳辐射的表面混凝土处于纵向受压状态,由下到上逐渐减小;对应背阳面则处于纵向受拉状态。

　　底板混凝土上表面基本处于纵向受压状态,下表面则呈纵向受拉趋势,应力由左向右逐渐增大。底板混凝土上表面中墙两端部位横向压应力较大,随着与两边墙距离减小,底板混凝土上表面横向压应力逐渐减小;底板底部混凝土横向受力状态则刚刚相反。

　　边墙和中墙太阳辐射面混凝土为竖向受压状态,相对应的背阳面则处于竖向受拉状态。

　　由于太阳曝晒的作用,渡槽内力分布呈非对称状态,且相应位置处混凝土拉压应力数值有较大差异,温度效应对渡槽内力影响显著,整个结构的受力状态呈劣化趋势,局部拉应力已超过混凝土抗拉强度标准值,甚至混凝土已经开裂。

53

鉴于此，在进行排水渡槽设计时，温度效应作为影响渡槽内力的主要因素之一，必须给予足够的重视而不能忽略不计。

本节数值分析采用的温度边界是通过参考《公路桥涵设计通用规范》（JTG D60—2015）确定的，有必要通过瞬态温度场数值分析验证方法的可行性。

4.4 麻黄沟排水渡槽三维有限元瞬态温度场数值分析

瞬态温度场根据作用因素，可分为日照温差和寒流温差两种形式。分别考虑夏季太阳辐射下渡槽升温和冬季降温条件下的温降瞬态温度场。由于渡槽结构与外界的热交换和界面内的热传导非常复杂，一般来说渡槽界面内第 i 点的温度可以表示为空间和时间的函数，即

$$T = f(x, y, z, t) \tag{4.1}$$

4.4.1 瞬态温度场数值分析基本理论

1. 热传导方程

设有一均匀各向同性的固体，从其中取出一无限小的六面体 $\mathrm{d}x\mathrm{d}y\mathrm{d}z$（图 4.41）。在单位时间内从左界面 $\mathrm{d}y\mathrm{d}z$ 流入的热量为 $q_x\mathrm{d}y\mathrm{d}z$，经右界面流出的热量为 $q_{x+\mathrm{d}x}\mathrm{d}y\mathrm{d}z$，流入的净热量为 $(q_x - q_{x+\mathrm{d}x})\mathrm{d}y\mathrm{d}z$。

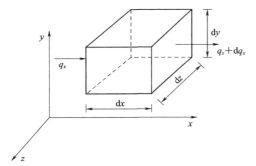

图 4.41 微分体示意图

在固体热传导中，热流量 q（单位时间内通过单位面积的热量）与温度梯度成正比，但热流方向与温度梯度方向相反，即

$$q_x = -k\frac{\partial T}{\partial x} \tag{4.2}$$

式中 k——导热系数，W/(m·℃)。

$q_{x+\mathrm{d}x}$ 是 x 的函数，将 $q_{x+\mathrm{d}x}$ 展成泰勒级数并取前两项，得

$$q_{x+\mathrm{d}x} = q_x + \frac{\partial q_x}{\partial x}\mathrm{d}x = -\lambda\frac{\partial T}{\partial x} - \lambda\frac{\partial^2 T}{\partial x^2}\mathrm{d}x \tag{4.3}$$

于是，沿 x 方向流入的净热量为 $\lambda\frac{\partial^2 T}{\partial x^2}\mathrm{d}x\mathrm{d}y\mathrm{d}z$，同理，沿 y 方向和 z 方向流入的净热量分别为 $\lambda\frac{\partial^2 T}{\partial y^2}\mathrm{d}x\mathrm{d}y\mathrm{d}z$ 及 $\lambda\frac{\partial^2 T}{\partial z^2}\mathrm{d}x\mathrm{d}y\mathrm{d}z$。

设由于水泥水化热作用在单位时间内单位体积中发出的热量为 Q，则在体积 $\mathrm{d}x\mathrm{d}y\mathrm{d}z$ 内发出的热量为 $Q\mathrm{d}x\mathrm{d}y\mathrm{d}z$。

在 $\mathrm{d}\tau$ 时间内，此六面体温度升高吸收的热量为

$$c\rho\frac{\partial T}{\partial \tau}\mathrm{d}\tau \cdot \mathrm{d}x\mathrm{d}y\mathrm{d}z$$

式中　c——比热，$kJ/(kg \cdot ℃)$；

　　　τ——时间；

　　　ρ——容重，kg/m^3。

由于热量平衡，从外面流入的净热量与内部的水化热之和必须等于温度升高所吸收的热量，即

$$c\rho \frac{\partial T}{\partial \tau}d\tau \cdot dxdydz = \left[\lambda\left(\frac{\partial^2 T}{\partial x^2}+\frac{\partial^2 T}{\partial y^2}+\frac{\partial^2 T}{\partial z^2}\right)+Q\right]dxdydz \tag{4.4}$$

化简，得固体导热方程如下

$$\frac{\partial T}{\partial \tau} = \alpha\left(\frac{\partial^2 T}{\partial x^2}+\frac{\partial^2 T}{\partial y^2}+\frac{\partial^2 T}{\partial z^2}\right)+\frac{\partial \theta}{\partial \tau} \tag{4.5}$$

其中

$$\alpha = \frac{\lambda}{c\rho}$$

式中　α——导温系数；

　　　θ——混凝土的绝热温升。

（1）若温度 T 沿 z 轴方向为常数，则结构的温度场为两向的平面问题，热传导方程化简为

$$\frac{\partial T}{\partial \tau} = \alpha\left(\frac{\partial^2 T}{\partial x^2}+\frac{\partial^2 T}{\partial y^2}\right)+\frac{\partial \theta}{\partial \tau} \tag{4.6}$$

（2）如果温度场不随时间变化，则称为稳定温度场。此时，$\frac{\partial T}{\partial \tau}=0$，$\frac{\partial \theta}{\partial \tau}=0$，故热传导方程为

$$\frac{\partial^2 T}{\partial x^2}+\frac{\partial^2 T}{\partial y^2}+\frac{\partial^2 T}{\partial z^2}=0 \tag{4.7}$$

（3）处于运行期的渡槽，经过天然散热，水化热温升完全消失后，槽体温度完全取决于气温、日照和槽内水体的影响，此时，$\frac{\partial \theta}{\partial \tau}=0$，故热传导方程为

$$\frac{\partial T}{\partial \tau} = \alpha\left(\frac{\partial^2 T}{\partial x^2}+\frac{\partial^2 T}{\partial y^2}+\frac{\partial^2 T}{\partial z^2}\right) \tag{4.8}$$

2. 边界条件和初始条件

热传导方程建立了物体的温度与时间、空间的关系，但满足热传导方程的解有无限多，为了确定需要的温度场，还必须知道初始条件和边界条件。

工程中常见的边界条件可以用以下三种方式给出。

（1）第一类边界条件。已知物体边界上的温度或温度函数

$$\left.\begin{array}{c} T|_\Gamma = T_w \\ T|_\Gamma = f(x,y,z,t) \end{array}\right\} \tag{4.9}$$

式中　　Γ——物体边界；

　　　　T_w——已知壁面温度，℃；

$f(x,y,z,t)$——已知壁面温度函数。

（2）第二类边界条件。已知物体边界上的热流密度 q

$$\left. \begin{aligned} -k\left.\frac{\partial T}{\partial n}\right|_{\Gamma}&=q \\ -k\left.\frac{\partial T}{\partial \vec{n}}\right|_{\Gamma}&=q(x,y,z,t) \end{aligned} \right\}$$ 　(4.10)

式中　　　q——已知的热流密，W/m^2；

$q(x,y,z,t)$——已知的热流密度函数。

（3）第三类边界条件。已知和物体接触的流体介质的温度和热交换系数

$$-k\left.\frac{\partial T}{\partial n}\right|_{\Gamma}=h(T-T_{\mathrm{f}})$$ 　(4.11)

式中　　T_{f}——流体温度，℃；

h——换热系数，$\text{W/(m}^2\cdot\text{℃)}$。

以上三类边界条件中，第一类边界条件处理最为简便，第三类最为常见，但是计算比较复杂，第三类边界条件表示了固体与流体（如空气）接触时的传热条件，其实质是物体边界的热流量平衡条件。对于渡槽内表面与水接触的第三类边界条件，可采用近似方法转化为第一类边界条件处理。

当任意固体与空气接触时，h 值与风速有密切关系，固体表面在空气中的放热系数可用下两式计算。

粗糙表面

$$h=6.64+4.03v$$ 　(4.12)

光滑表面

$$h=6.06+3.76v$$ 　(4.13)

当混凝土表面有模板或者其他保温层，它们对温度场的影响可用 h 值的方法（h 为换热系数）来考虑。

初始条件是开始时物体整个区域所具有的已知温度值，用公式表示为

$$\left. \begin{aligned} T_{t=0}&=T_0 \\ T_{t=0}&=T(x,y,z) \end{aligned} \right\}$$ 　(4.14)

式中　　T_0——物体的初始温度，℃；

$T(x,y,z)$——物体的初始温度函数。

3. 变分原理

在图 4.42 的空间区域 R 内，假若温度场 $T(x,y,z)$ 是区域的连续二阶可微函数，在边界面 C' 上的温度已知，在边界 C 上，T 值未定。考虑泛函

$$I(T)=\iiint_R F(T,T_x,T_y,T_z)\mathrm{d}x\mathrm{d}y\mathrm{d}z+\iint_C G(T)\mathrm{d}s$$ 　(4.15)

式中　　F——温度场 T 为 x,y,z 三个方向温度梯度的函数；

G——温度场 T 的函数，可沿边界面 C 取值（图 4.42）。

当泛函 $I(T)$ 实现极值时，必须满足：

在区域 R 内

$$\frac{\partial F}{\partial T}-\frac{\partial}{\partial x}\left(\frac{\partial F}{\partial T_x}\right)-\frac{\partial}{\partial y}\left(\frac{\partial F}{\partial T_y}\right)-\frac{\partial}{\partial z}\left(\frac{\partial F}{\partial T_z}\right)=0$$ 　(4.16)

在边界 C 上

$$\frac{\partial G}{\partial T}+l_x\frac{\partial F}{\partial T_x}+l_y\frac{\partial F}{\partial T_y}+l_z\frac{\partial F}{\partial T_z}=0 \qquad (4.17)$$

式中 l_x、l_y、l_z——边界表面向外法线的方向余弦。

以上二式就是空间问题的欧拉方程。

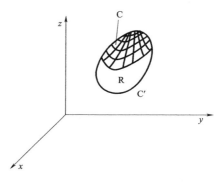

图 4.42 温度场 T 的函数在空间内的取值图形

对于三维不稳定热传导，在区域 R 内温度场 $T(x,y,z)$ 满足热传导方程式（4.5），在初始时刻 $\tau=0$ 时，有 $T=T_0(x,y,z)$；在区域 R 的表面，物体与周围介质相互作用。在边界 C 上，固体表面温度是时间的已知函数，即为第一类边界条件，表示为：$T=T_{C'}(\tau)$。在边界 C 上，固体表面与空气和水体等介质接触，表面有热交换作用，可以表示为

$$\lambda\frac{\partial T}{\partial x}l_x+\lambda\frac{\partial T}{\partial y}l_y+\lambda\frac{\partial T}{\partial z}l_z-\beta(T-T_a)=0 \qquad (4.18)$$

式中 β——固体表面放热系数；

T_a——外界介质温度。

对于上述问题，根据变分原理，可以转化为求泛函的极值问题，在泛函表达式（4.15）中，取函数 F 和 G 如下

$$F=V\frac{1}{2}\left[\left(\frac{\partial T}{\partial x}\right)^2+\left(\frac{\partial T}{\partial y}\right)^2+\left(\frac{\partial T}{\partial z}\right)^2\right]+\frac{1}{a}\left(\frac{\partial T}{\partial \tau}-\frac{\partial \theta}{\partial \tau}\right)T \qquad (4.19)$$

$$G=\frac{\beta}{2\lambda}T^2-\frac{\beta}{\lambda}T_aT \qquad (4.20)$$

将式（4.19）、式（4.20）代入式（4.15），得到泛函的表达式为

$$I(T)=\iiint_c\left\{\frac{1}{2}\left[\left(\frac{\partial T}{\partial x}\right)^2+\left(\frac{\partial T}{\partial y}\right)^2+\left(\frac{\partial T}{\partial z}\right)^2\right]+\frac{1}{a}\left(\frac{\partial T}{\partial \tau}-\frac{\partial \theta}{\partial \tau}\right)T\right\}\mathrm{d}x\mathrm{d}y\mathrm{d}z$$
$$+\iint_c\left(\frac{\beta}{2\lambda}T^2-\frac{\beta}{\lambda}T_aT\right)\mathrm{d}s \qquad (4.21)$$

4. 有限元法求解三维不稳定温度场

根据变分原理，求温度场 T，也就是求泛函 $I(T)$ 的极小值，即

$$\delta I=0 \qquad (4.22)$$

对于此变分问题，可采用有限元法进行求解。采用有限元法时，在空间进行有限元离散，在时间上则采用差分法。

（1）空间离散。

通过有限元离散，温度场 T 离散 n 个节点温度，温度场内任意点的温度都可用节点温度来表示，即 $T=\sum_{i=1}^{n}N_iT_i$，故泛函 $I[T(x,y,z,\tau)]$ 实际上成为一个多元函数 $I(T_1,T_2,\cdots,T_n)$。所以，$I[T(x,y,z,\tau)]$ 的变分问题转化为多元函数的求极值问题，即

$$\frac{\partial I}{\partial T_i}=0 \quad (i=1,2,3,\cdots,n) \tag{4.23}$$

从而可以求得各单元的温度变化方程

$$[H]^e\{T\}^e+[R]^e\left\{\frac{\partial T}{\partial t}\right\}^e-\{P\}^e=0 \tag{4.24}$$

由于 $I=\sum\limits_{e=1}^{E}I^e$（$E$ 为离散的单元个数），故有

$$\frac{\partial I}{\partial T_1}=\sum_{e=1}^{E}\frac{\partial I^e}{\partial T_i}=0 \quad (i=1,2,\cdots,n) \tag{4.25}$$

对所有的单元进行合成，得到整体温度变化方程

$$[H]\{T\}+[R]\left\{\frac{\partial T}{\partial \tau}\right\}-\{P\}=0 \tag{4.26}$$

式中 $[H]$——温度系数矩阵；

   $[R]$——变温矩阵，它是考虑温度随时间变化的一个系数矩阵；

   $\{P\}$——与边界条件和内部热源有关的列向量。

（2）时间离散。

对于任意时刻 τ，式（4.26）可写为

$$[H]\{T\}_\tau+[R]\left\{\frac{\partial T}{\partial \tau}\right\}_\tau-\{P\}_\tau=0 \tag{4.27}$$

假设 $\Delta\tau_n$ 内线性变化，将 $\left\{\dfrac{\partial T}{\partial \tau}\right\}_\tau$ 对时间进行差分则可得到

$$\left\{\frac{\partial T}{\partial \tau}\right\}=\frac{\{T\}_n-\{T\}_{n-1}}{\Delta\tau_n} \tag{4.28}$$

把式（4.28）代入式（4.27），让 $\{T\}_\tau=\{T\}_n$，$\{P\}_\tau=\{P\}_n$，有

$$\left([H]+\frac{1}{\Delta\tau_n}[R]\right)\{T\}_n=\frac{1}{\Delta\tau_n}[R]\{T\}_{n-1}+\{P\}_n \tag{4.29}$$

式中 $\{T\}_n$、$\{T\}_{n-1}$——τ 和 $\tau_{-\Delta\tau}$ 时刻的温度列向量。

据式（4.29），由 $\tau_{-\Delta\tau}$ 时刻的温度场 $\{T\}_{n-1}$ 可求得 τ 时刻的温度场 $\{T\}_n$，如此递推可求得时间间隔为 $\Delta\tau$ 的各个时刻的温度场。

4.4.2 渡槽瞬态温度场边界条件

4.4.2.1 渡槽与外界的热交换

置于大气中的渡槽，由于吸收太阳总辐射热（包括太阳直接辐射、太阳散射辐射、大气逆辐射、地表环境辐射、结构构件的反射）、与周围空气发生对流以及自身内部的热传导等原因，加上外界环境温度在不断变化，所以渡槽结构的表面和内部温度分布是瞬态变化的。其边界有三种主要的热交换：①吸收太阳辐射热量和边界的热辐射；②与周围空气和槽内水体的对流；③内部的热传导。

外边界的热交换主要是对流和辐射。周围空气和槽内水体与渡槽的外边界时刻都通过对流传递着热量，太阳的辐射对渡槽的影响作用就更大了。桥梁结构白天吸收的热量大于

放出的热量，使其温度升高；夜晚放出的热量大于吸收的热量，使其温度降低，因而温度分布有两个极值。

辐射分为长波辐射和短波辐射两种。短波辐射就是我们平常说的太阳辐射，它由太阳的直射和天空的散射组成，受云、大气透明度等天气条件影响。长波辐射主要是热辐射，尽管长波辐射强度比短波辐射强度小很多，但在夜间渡槽外边界与周围的热交换主要是热辐射。置于自然环境中的混凝土渡槽与周围环境发生的热交换如图 4.43 所示。

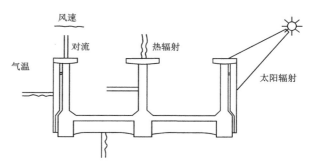

图 4.43 排水渡槽热交换示意图

在进行热交换的计算前，必须知道渡槽截面的几何尺寸、混凝土的热工参数以及太阳辐射强度等。通过气象部门可以得到水平面上的太阳直射通量和散射通量，倾斜面上的辐射通量则根据其与水平面的几何关系求出。

4.4.2.2 太阳辐射日过程

渡槽温度场的变化与渡槽所处的地理位置及其方位、太阳辐射强度、大气温度和风速以及结构物所处的环境有关。德国 F. 德尔别克详细阐述了太阳辐射对桥梁结构的影响，本书对太阳辐射进行了详细的研究，总体上可以把太阳辐射分为直接辐射、太阳散射辐射和地面反射。

1. 太阳直接辐射

从太阳发出的辐射穿过地球大气层时，被大气层吸收和反射，透射的那部分直接射到地球表面。与太阳直接辐射方向垂直的平面上的直接辐射强度 I_m 可按下式计算

$$I_m = I_0 \frac{\sin h}{\sin h + \frac{1-p}{p}} \tag{4.30}$$

式中　h——太阳高度角；

　　　p——大气透明系数；

　　　I_0——太阳常数，1353W/m^2。

（a）太阳高度角 h

$$\sin h = \cos\phi \cdot \cos\delta \cdot \cos\omega + \sin\phi \cdot \sin\delta \tag{4.31}$$

式中　ϕ——当地的地理纬度；

　　　δ——太阳赤纬角度；

　　　ω——太阳时角，中午 12 点为 $0°$，上午为负，下午为正。

（b）太阳方位角

$$\sin\alpha_s = \cos\delta \cdot \sin\omega / \cos h \tag{4.32}$$

式中　α_s——太阳方位角。

由几何关系（图 4.44）可导出投射到斜面上的太阳直射强度 I_β 的公式

$$I_{\beta}=I_0 \cdot \cos\left(\frac{\pi}{2}+h-\beta\right) \cdot \cos(\alpha_s-\alpha_w) \qquad (4.33)$$

式中　α_w——壁面的方位角。

对于渡槽的边壁来说，$\beta=90°$，将式 β 代入式（4.33）可得

$$I_{\beta}=I_0 \cdot \cos h \cdot \cos(\alpha_s-\alpha_w) \qquad (4.34)$$

2. 太阳散射

大气层中散射的太阳辐射，从天穹的各个方向辐射到地球表面的结构物上，它与壁面的方位角、是否处于阴影状态无关，主要和太阳高度角、大气的浑浊程度以及壁面的倾角 β 有关。

如果已知水平面上的散射强度 I_d，则任意壁面所受的散射强度 $I_{d\beta}$ 为

$$I_{d\beta}=I_d(1-\cos\beta)/2 \qquad (4.35)$$

3. 地面反射

渡槽结构物总是位于地表面之上，因此，特别在渡槽的底面会受到地面反射的影响。对于地面倾斜的接受面（图 4.44），发射辐射强度可以按式（4.36）得出

$$I_f=\rho^*(I_m+I_d)(1+\cos\beta)/2 \qquad (4.36)$$

式中　ρ^*——地面的反射系数。

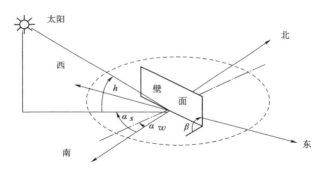

图 4.44　太阳辐射三角关系

h—太阳高度角；α—太阳方位角；w—太阳自转速度；s—水平面

4.4.2.3　渡槽温度场的边界条件

渡槽温度场大气边界条件影响因素众多，而且刘兴法指出桥梁中边界换热系数的准确与否直接影响计算的结果。渡槽边界与外界发生热交换的方式，在夏季主要是对流、辐射两种形式，冬季降温天气主要是对流热交换。

根据傅立叶定律，热流密度与温度场梯度成正比，即

$$q=-k\frac{\partial T}{\partial \vec{n}} \qquad (4.37)$$

考虑渡槽边界上的热交换过程，式（4.37）可以转化为

$$q_c+q_r+q_s=-k\left(\frac{\partial T}{\partial x}n_x+\frac{\partial T}{\partial y}n_y+\frac{\partial T}{\partial z}n_z\right) \qquad (4.38)$$

式中　　　q_c——对流换热热流密度，W/m^2；

q_r——热辐射换热热流密度，W/m^2；

q_s——太阳辐射换热热流密度，W/m^2；

$\dfrac{\partial T}{\partial x}$、$\dfrac{\partial T}{\partial y}$、$\dfrac{\partial T}{\partial z}$——温度梯度在直角坐标上的分量；

n_x、n_y、n_z——法线方向余弦。

对流引起的热交换热流密度 q_c 与空气的流动速度和边界、空气的温度有关，用公式可表示为

$$q_c = h_c(T_a - T_s) \tag{4.39}$$

式中　h_c——对流热交换系数，h_c 的大小与风速、物体表面光洁度以及物体的几何形状关，通常由试验或经验公式确定，$W/(m^2 \cdot \text{℃})$；

　　　T_a——空气的温度，℃；

　　　T_s——混凝土表面温度，℃。

管敏鑫提出的 h_c 计算公式如下

$$h_c = 6.31v^{0.656} + 3.25e^{-1.91v} \tag{4.40}$$

式中　v——风速，m/s；

　　　e——自然对数。

风速 $v \leqslant 5.0 \text{m/s}$ 时，h_c 可按下式计算

$$h_c = a + bv \tag{4.41}$$

式中　a、b——常数，根据试验通过回归曲线拟合而得。

长波热辐射引起的热交换热流密度，根据 Stefen - Boltzman 辐射定律可表示为

$$q_r = c_s \varepsilon \left[(T^* + T_a)^4 - (T^* + T_s)^4 \right] \tag{4.42}$$

式中　c_s——Stefen - Boltzman 常数，$5.667 \times 10 W/(m^2 \cdot k^4)$；

　　　ε——辐射率；

　　　T^*——常数，273.15，用于将摄氏温度转化为热力学温度。

可以将式（4.42）写成下式

$$q_r = h_r(T_a - T_s) \tag{4.43}$$

$$h_r = c_s \varepsilon \left[(T^* + T_a)^2 + (T^* + T_s)^2 \right] (T_a + T_s + 2T^*) \tag{4.44}$$

式（4.44）中的 h_r 为 T_s 的函数，在瞬态温度场的分析中，任意时刻的 h_r 可以用前一时刻的 T_s 来求出。

由太阳辐射引起的热交换热流密度 q_s 可表示为

$$q_s = \alpha_t I_t \tag{4.45}$$

$$I_t = I_\beta + I_{d\beta} + I_f \tag{4.46}$$

式中　α_t——太阳辐射吸收系数。

I_β、$I_{d\beta}$、I_f 分别参见式（4.33）、式（4.35）、式（4.36）。

4.4.3　边界条件计算

夏季渡槽边界上的热交换复杂，既有对流换热，又有太阳辐射换热等。计算太阳辐射换热就必须知道太阳辐射强度，对流换热则必须确定渡槽边界周围的空气温度。本书利用

气象站的太阳辐射资料来确定渡槽边界上太阳的辐射强度，并通过参考桥梁上实测气温来确定所需的空气温度数据。

4.4.3.1 太阳辐射强度的计算

太阳辐射强度不仅与季节有关，而且受地理位置等因素的影响。在计算太阳辐射强度之前，需了解与太阳有关的一些资料。

1. 太阳赤纬角

太阳赤纬角是太阳入射光线与赤道平面的夹角，它是日期的函数，按式（4.47）计算。

$$\delta = 23.45 \sin\left(360\, \frac{284+N}{365}\right) \tag{4.47}$$

式中 N——按1月1日取1，依次递增。

2. 地方太阳时

按本地经度测定的时刻，统称地方太阳时。它以太阳入射光线与本地子午线重合时为正午12点，地方太阳时与当地的气象相联系，而且符合人们的起居工作。我国位于东八区，所说的北京时间即以东经120°这条子午线与太阳入射光线重合时为12点。太阳辐射与太阳时息息相关，气象站提供的太阳辐射资料均采用地方太阳时。本书所引用的太阳辐射资料从某气象站获得，该渡槽位于东经115°，北纬39°。地方太阳时按照下式进行换算

$$S_d = S + [F - (120° - JD) \times 4]/60 \tag{4.48}$$

式中 S——北京时间小时数；

   F——北京时间分钟数；

   S_d——当地太阳时；

   JD——当地经度。

3. 太阳时角

按照天文学的规定，地球以每小时15°的速度进行自转，中午12点为0°，下午为正，上午为负，见式（4.49）。

$$\overline{\omega} = (s_d - 12) \times 15° \tag{4.49}$$

4. 边界上太阳辐射强度的处理

渡槽的顶部、边墙、底板受太阳辐射影响各不相同，顶部表面、南边墙外表面始终受到太阳直射、散射影响，北边墙外表面、中墙和南边墙背阳面始终只受到太阳散射的影响，对于北边墙、中墙向阳面和底板上表面，则需要根据太阳高度角的大小来判断是否受到太阳直射强度的影响。

顶部

$$I = I_m \sin h + I_d \tag{4.50}$$

南边墙外表面

$$I = I_m \cos h \cos \alpha_s + I_d \sin^2 \frac{\beta}{2} \tag{4.51}$$

北边墙外表面

$$I = I_d \sin^2 \frac{\beta}{2} \tag{4.52}$$

贴角

$$I = I_m \cos\left(\frac{\pi}{2} + h - \beta\right)\cos\alpha_s + I_d \sin^2\frac{\beta}{2} \tag{4.53}$$

式中 I_m——与太阳直射方向垂直平面上的直接辐射强度；

I_d——水平面上的散射强度；

h——太阳高度角；

α_s——太阳方位角；

β——壁面与水平面的夹角。

5. 辐射强度的计算

从气象站得到的太阳辐射资料是太阳的直射、散射通量，并无太阳辐射强度，由于太阳辐射随季节、天气变化，难以给出准确的太阳辐射强度随时间变化的曲线或函数。因此，只能通过拟合直射、散射通量的曲线，再对时间进行求导。

2003 年 7 月 2 日从气象站得到的太阳辐射数据见表 4.1。

表 4.1　　　　　　　　　　太 阳 直 射 强 度 通 量　　　　　　　　单位：0.01MJ/m²

时间	5：00 — 6：00	6：00 — 7：00	7：00 — 8：00	8：00 — 9：00	9：00 — 10：00	10：00 — 11：00	11：00 — 12：00	12：00 — 13：00	13：00 — 14：00	14：00 — 15：00	15：00 — 16：00	16：00 — 17：00	17：00 — 18：00
直射通量	15	61	130	169	250	280	295	312	289	234	200	99	49

表 4.1 中的直射通量是区间时刻的太阳辐射通量，为了求太阳辐射强度需要将各区间时刻的辐射通量累计起来，然后进行求导，从而得到每一个时刻的太阳直射强度。累计的太阳直射通量见表 4.2。

表 4.2　　　　　　　　　　累 计 太 阳 直 射 通 量　　　　　　　　单位：0.01MJ/m²

时间	6：00	7：00	8：00	9：00	10：00	11：00	12：00	13：00	14：00	15：00	16：00	17：00	18：00
直射通量	15	76	206	375	625	905	1200	1512	1801	2035	2235	2334	2383

将表 4.2 中的累计太阳直射通量用 5 次多项式来拟合，见式（4.54）：

$$y = 0.021t^5 - 1.2434t^4 + 25.431t^3 - 206.12t^2 + 692.14t - 761.86 \tag{4.54}$$

式中 t——时间。

将式（4.54）对时间求导，得到太阳直射强度与时间的函数关系

$$y' = 0.1015t^4 - 4.9736t^3 + 76.293t^2 - 412.24t + 692.14 \tag{4.55}$$

将各时间点作为自变量代入式（4.55），可直接求出太阳直接辐射强度，见表 4.3。

表 4.3　　　　　　　　　　太 阳 直 接 辐 射 强 度　　　　　　　　单位：W/m²

时间	6：00	7：00	8：00	9：00	10：00	11：00	12：00	13：00	14：00	15：00	16：00	17：00	18：00
直射强度	75	253	446	625	765	851	873	829	723	567	380	187	20

重复上述步骤，可以获得太阳散射强度。计算结果见表 4.4～表 4.6。

表4.4   太阳散射通量   单位：0.01MJ/m²

时间	5：00—6：00	6：00—7：00	7：00—8：00	8：00—9：00	9：00—10：00	10：00—11：00	11：00—12：00	12：00—13：00	13：00—14：00	14：00—15：00	15：00—16：00	16：00—17：00	17：00—18：00
散射通量	3	10	16	21	38	50	48	39	55	62	44	32	18

表4.5   累计太阳散射通量   单位：0.01MJ/m²

时间	6：00	7：00	8：00	9：00	10：00	11：00	12：00	13：00	14：00	15：00	16：00	17：00	18：00
散射通量	3	13	29	50	88	138	186	225	280	342	386	418	450

表4.6   太阳散射强度   单位：W/m²

时间	6：00	7：00	8：00	9：00	10：00	11：00	12：00	13：00	14：00	15：00	16：00	17：00	18：00
散射强度	6	35	62	86	108	126	139	146	147	140	123	96	57

图4.45～图4.48分别列出了太阳辐射通量和太阳辐射强度。

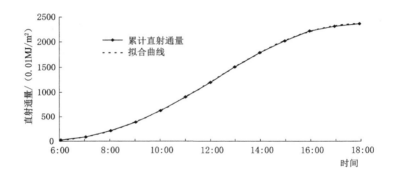

图4.45　太阳累计直射通量曲线

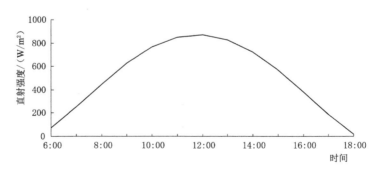

图4.46　太阳直射强度

按照气象站提供的数据求得的太阳直射强度为垂直于太阳入射光线方向的直射强度，散射强度为水平面上的散射强度。对于不同倾角、不同朝向的太阳辐射强度需要按照式（4.50）～式（4.53）来计算。表4.7列出了边界上计算所得的太阳辐射强度。

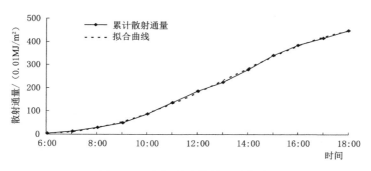

图 4.47 太阳累计散射通量曲线

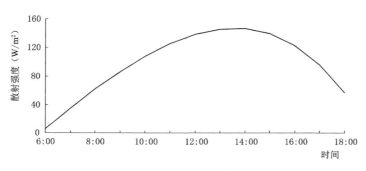

图 4.48 太阳散射强度

表 4.7						各边界不同时刻太阳辐射强度						单位：W/m²	
时间	6：00	7：00	8：00	9：00	10：00	11：00	12：00	13：00	14：00	15：00	16：00	17：00	18：00
顶面	20	130	309	530	747	909	976	933	792	588	371	187	63
南边墙外表面	29	68	56	88	186	269	308	293	231	147	71	69	34
北边墙外表面	3	17	31	43	54	63	69	73	73	70	61	48	28
拐角面	27	80	82	137	328	595	860	750	457	244	117	105	53

4.4.3.2 大气温度的考虑

渡槽周围气温是另一个影响渡槽温度分布的重要因素，它与渡槽发生热交换主要是通过对流、热辐射，热交换不同导致渡槽内外气温各异。即使都是表面外的空气，在顶板上侧与底板下侧及边墙外侧的空气温度分布也是不同的。采用热量守恒定律计算箱梁不同位置处气温公式，因考虑因素太多而显得计算麻烦，且对热力学参数依赖过高难以保证计算精度。

在太阳升起之前，渡槽外表面的气温变化非常小，结构内的温度分布也比较均匀，和外界气温相差很小。为了分析的方便，认为结构温度按该时的气温均匀分布，作为计算的初始条件。参考桥梁结构的实测资料，在 6：00 时渡槽温度与外界气温比较接近，在计算渡槽温度场时，取此时的气温为计算的初始条件。

参考 2003 年 7 月 2 日对桥梁箱梁结构的试验的气温日变化来说明外界温度变化，如图 4.49。

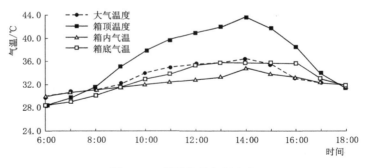

图 4.49　箱梁外界气温变化

对比渡槽结构与桥梁箱梁结构，在计算渡槽温度场时可以认为：

（1）空槽工况：渡槽顶面和南边墙外表面为太阳始终可以直射的表面，气温取桥梁箱梁结构试验的箱顶温度；渡槽北边墙外表面、中墙和南边墙背阳面、底板下表面等为太阳始终不能直射的表面，气温取桥梁箱梁结构试验的大气温度；对于北边墙和中墙向阳面、底板上表面，当太阳可以直射时气温取桥梁箱梁结构试验的箱顶温度，当太阳不能直射时，气温取桥梁箱梁结构试验的大气温度。

（2）满槽和设计工况：渡槽过水表面不考虑空气温度影响，其余表面与空槽工况对应表面气温相同。

4.4.3.3　夏季热交换系数

渡槽边界发生热交换既有对流、长波辐射还有太阳辐射，因此合理地确定热交换系数是正确分析温度场的前提。

表面综合换热系数 h 可以分为对流换热系数 h_c 和辐射换热系数 h_r，很多研究表明，对流换热系数 h_c 与材料无关，它取决于吹经渡槽表面的风速、壁面粗糙度、壁面温度与气温的温差等因素。热辐射换热系数 h_r 为 T_s 和 T_a 的函数，而且与材料本身的辐射率相关。

1. 对流换热系数

约尔格斯提出，当风速 $v \leqslant 5.0 \mathrm{m/s}$ 时，对流热交换系数可以按照下式进行计算

$$h_c = 5.8 + 4.0v \tag{4.56}$$

2. 辐射换热系数

在长波热辐射引起的热交换中，本书忽略了渡槽墙体与墙体之间的热辐射换热，仅认为热辐射换热发生在混凝土表面与大气之间。h_r 可按式（4.44）计算，由于 h_r 为 T_a 和 T_s 的函数，在瞬态分析中是时刻变化的。尽管理论上可用前一时刻所算得的 T_s 代入求出，但这样做会增加计算量，本书在比较的基础上决定采用不变的 h_r。具体比较见图 4.50。

从图 4.50 可知，当 T_s 相同而 T_a 在 20℃ 和 50℃ 之间变化时，h_r 的最大差值为 $0.9 \mathrm{W/(m^2 \cdot ℃)}$，这说明 h_r 一般比较稳定。根据实际情况，7 月 2 日最大的外界气温为

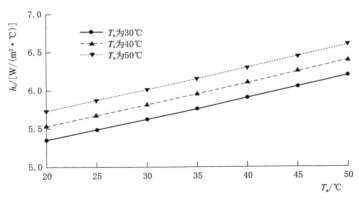

图 4.50　h_r 与 T_s、T_a 关系图

43.6℃，而渡槽表面最大温度也为 60℃ 左右，此时的 h_r 为 6.52W/(m² · ℃)。在初始时刻空气与渡槽体内的温度大致一致，约为 28.5℃，按式（4.44）计算的 h_r 约为 5.56W/(m² · ℃)。为了计算方便，本书所采用的 h_r 取为 6.00W/(m² · ℃)。

4.4.3.4　冬季热交换系数

4.4.3.3 中 h_c 的计算公式（4.56）只适用于风速 $v<5$m/s 时，而冬季风速 v 一般都超过 5m/s。此时，在不同风速下，混凝土表面的平均热交换系数可以取表 4.8 中的值。

表 4.8　　　　　　　　　不同风速时混凝土表面平均热交换系数

风速/(m/s)	0.0	1.0	2.0	3.0	4.0	5.0
h_r/[W/(m² · ℃)]	9.4	13.2	16.8	20.6	24.3	28
风速/(m/s)	6.0	7.0	8.0	9.0	10.0	
h_r/[W/(m² · ℃)]	31.7	35.4	39.1	42.8	46.5	

4.4.4　渡槽结构瞬态温度场

本节针对麻黄沟预应力排水渡槽夏季升温空槽、设计水位、满槽水位和冬季降温空槽 4 种工况开展三维温度场瞬态分析。

4.4.4.1　基本参数

麻黄沟预应力排水渡槽所在地区基本风压 0.3kN/m²（查全国基本风压分布图），最高月平均气温 32.8℃，最低月平均气温 -7.8℃，年平均气温 13.4℃，极端最高气温 42.1℃（1996 年 6 月 12 日），极端最低气温 -20.1℃（1992 年月 1 月 28 日）。

混凝土导热系数 $\lambda=2.944$W/(m · ℃)，比热 $C=960$J/(kg · ℃)，线膨胀系数 $10^{-5}/℃$；预应力钢束线膨胀系数 $10^{-5}/℃$。

由于北方河流的特点，河道常年干枯，左岸排水渡槽基本处于无水状态，尤其是在冬季。因此分别计算了渡槽空槽、设计水位、满槽水位运行时从 6：00 到 18：00 的夏季温升工况和空槽持续 3 天骤然降温的冬季温降工况 4 种不利的瞬态温度场和应力场。夏季工况分为 13 个荷载步，每个荷载步 1 个小时，每个荷载步分为 4 个荷载子步，初始条件假定 6：00 渡槽各处温度均匀，为 30℃；冬季工况分为 14 个荷载步，每个荷载步 6 个小时，每个荷载步分为 6 个荷载子步，初始条件假定降温前渡槽温度均匀，为 4℃。

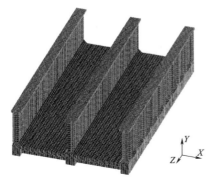

图 4.51 有限元网格

热分析时混凝土单元选用 Solid70，预应力钢绞线单元选用 Link33，相应的应力单元分别选用 Solid45 和 Link8。约束形式为一端铰结、一端滚轴。取一典型跨作为研究对象进行数值分析，有限元网格划分如图 4.51 所示。

4.4.4.2 求解瞬态温度场步骤

1. 建立分析模型、施加温度荷载

（1）定义分析类型。

分析时间段内外界温度、太阳辐射时刻都在变化中，分析类型为瞬态温度场。

（2）施加温度荷载。

在 ANSYS 中温度荷载分为 5 种荷载，包括温度、热流率、对流、热流密度和生热率。

进行瞬态分析须给出初始温度条件。ANSYS 有两种途径来定义初始条件：①如果初始温度场是不均匀的且是未知的，必须首先做稳态热分析来建立初始条件；②如果初始温度场是均匀的，采用 IC 命令来设置初始温度。通过实测证明，在 6：00 时混凝土内的温度与外界气温很接近，因此本书用第二种方法来给出初始温度。

渡槽与外界发生热交换主要是通过对流、吸收太阳辐射能量和热辐射 3 种形式。对流荷载在 ANSYS 中很容易施加，将外界空气温度和对流换热系数赋给发生对流的面即可。

热辐射是以电磁波的方式来传递热量，它不需要任何介质。渡槽温度场分析中的热辐射换热发生在边界混凝土与周围空气之间，若按 ANSYS 中对热辐射的规定，需要将外界空气也作为 1 种介质引入，对其进行网格划分和定义单元属性等。由于在白天时段，热辐射与太阳辐射相比，对渡槽温度场的影响较小，且渡槽周围的空气是流动的，向阳面和背阳面空气温度不相同，从而辐射能力也各不相同。要完全考虑难度很大，且约束条件多，精度不能保证。本书所分析的渡槽温度场只限太阳辐射阶段，因此将热辐射作用式（4.43）、式（4.44）表示的长波热辐射引起的热交换等效为对流换热。在施加对流荷载时，将综合换热系数 h 赋给发生对流的表面。

太阳辐射强度虽可以用热流密度来施加，但 ANSYS 中规定同一边界上施加对流面荷载和热流密度时，只以最后施加的面荷载进行计算。受到太阳辐射的渡槽边界和外界空气有对流换热，所以只有把太阳辐射引起的热流密度换算到气温中去，从而得到综合气温。综合气温计算公式见式（4.57）。

$$T_{sa} = T_a + a_t I / h \tag{4.57}$$

式中 T_{sa}——综合温度，℃；

        T_a——外界温度，℃；

        I——太阳辐射强度，W/m²；

        a_t——混凝土表面吸收率，取 0.65；

h——综合热交换系数，$W/(m^2 \cdot ℃)$。

从式（4.57）可知，太阳辐射引起的热交换相当于气温升高了 $(a_t I/h)℃$。本书将太阳辐射强度、热辐射和对流 3 种荷载，用对流来代替施加，将综合换热系数 h、综合温度 T_{sa} 赋给边界上的节点。

对瞬态温度场，荷载随时间变化，因此需要用到多荷载步。本章所分析的夏季工况时间从 7 月 2 日 6：00 到 16：00，在施加温度荷载时，分成 13 个荷载，使用 Table 数组定义荷载，荷载之间的温度荷载，则按线性插值。

2. 求解

瞬态温度场属一阶系统，其控制方程为式（4.26），它只能用完全瞬态分析求解。完全瞬态分析直接对方程进行求解，这种方法范围广泛，求解操作简单。

（1）时间和时间设置。

在渡槽瞬态温度场分析中，时间有着重要作用，指荷载结束的时间序列。热量交换与速率有关，因此分析所用的时间为物理时间系统，这个时间序列要以非零开始，并以递增方式排列。根据时间步长要反映荷载时间历程的要求，从气象站获取的数据皆为整点时刻（地方太阳时），所以本书将 6：00 作为开始时间，每个荷载步时间为 3600s，即 1 个小时。

（2）迭代控制系统。

为了求解式（4.26），必须选定一个假定公式，将瞬态问题转化为静态问题，公式形式见式（4.29）。通过设置 θ 值来控制迭代进程，对应的命令 TINTP，它的取值范围是 $0.5 \leqslant \theta \leqslant 1$。Galerkin 差分格式具有精度高且无条件稳定的，它的截断误差是 Δt^2 的数量级，见式（4.58）。

$$\frac{2}{3}\left\{\frac{\partial T}{\partial t}\right\}_t + \frac{1}{3}\left\{\frac{\partial T}{\partial t}\right\}_{t-\Delta t} = \frac{1}{\Delta t}(\{T\}_t - \{T\}_{t-\Delta t}) + o(\Delta t^2) \tag{4.58}$$

因此取 θ 为 0.667，在时间域上用 Galerkin 差分格式。

（3）求解器。

ANSYS 共有 5 种求解器，包括：波前求解器、雅可比共轭梯度求解器、稀疏矩阵直接求解器、预置条件共轭梯度求解器和不完全乔勒斯基梯度求解器。前 2 种为直接求解器，适用于自由度在 50 万以内的模型，后 3 种为迭代求解器，处理自由度在 100 万以上的大模型。本章所分析的模型自由度小于 50 万，因此利用 ANSYS 默认的波前求解器即可满足需要。

最后设置好输出控制便可以求解渡槽三维温度场了。

3. 后处理

利用瞬态热分析问题，ANSYS 提供了两种后处理方式，即通用后处理器 POST1 和时间历程处理 POST26。在通用后处理器中，可以方便查看各个荷载的云图以及列表输出结果。在时间历程后处理器中，通过定义变量便可以查看某些点的温度随荷载变化的情况，以及对变量进行数学操作等。

4.4.4.3　用 APDL 编写命令流

考虑到瞬态多荷载步计算交互式操作比较繁琐，太阳高度角及太阳入射角等均随时间而变化，且空槽工况下还需判断太阳能否直接照射到中墙、北边墙的向阳面和底板的上表面以及这些表面的哪些部分可以被直接照射到，用交互式操作满足这些要求较为困难。因此采用 APDL 语言编写命令流的方法实现以上判断，以达到更有效的加载和求解。

所建立的命令流主要通过 ∗DO 循环语句和 ∗IF 条件判断语句来模拟太阳的日照活动，先求出太阳时角、太阳高度角、太阳入射角和太阳方位角等物理参数，进而判断太阳能否直接照射到中墙、北边墙的向阳面和底板的上表面，最后在渡槽边界上施加温度荷载和求解。主要内容如下。

（1）定义标量参数：渡槽所在位置的地理经度、纬度、太阳赤纬角以及各表面的对流换热系数等。

（2）定义数组参量（TABLE）：太阳时角、太阳高度角、太阳方位角、空气温度、箱顶温度、太阳直射强度、散射强度等。

（3）施加温度荷载：对竖墙顶面、边墙和底板施加温度荷载。空槽工况时，北边墙、中墙向阳面、底板上表面要判断能否接收太阳直接辐射。施加热辐射、太阳辐射以及对流3 种荷载时，把综合气温、综合对流换热系数施加在发生对流的边界面上。

（4）求解及输出：定义荷载、迭代控制系数、求解器以及控制输出选项等。

命令流文件中，空槽工况下判断太阳是否直接照射到渡槽北边墙、中墙向阳面、底板上表面及这些表面的某些部分的依据是：先根据太阳高度角和渡槽单孔宽度计算出一个高度 V，当 V 小于渡槽高度 4.35m 时，只有从渡槽顶高向下 V 距离内的竖墙向阳面太阳可以直接照射到，底板上表面太阳不能直接照射到；当 V 大于渡槽高度 4.35m 时，根据太阳高度角和渡槽高度计算出一个水平距离 H，此时，竖墙可以全部直接被太阳照射到，底板上表面距北边墙、中墙 H 以外的部分可以受到太阳直接辐射，底板上表面其余部分不能受到太阳直接辐射。一些相关计算（求解太阳高度角、方位角、太阳直射强度等）利用 ANSYS 中的数学操作符和内部函数来进行。

程序流程图见图 4.52。

4.4.4.4　夏季温度场

在 6：00—18：00 时间段内，结构的温度场是不断变化的。在不同工况下，截取了部分时刻温度场的计算结果，从这一系列的结果图中，可以看出各种工况下渡槽温度场随时间的变化历程。

1. 空槽工况

从图 4.53～图 4.56 可以看出，同一时刻渡槽墙顶面向阳一侧温度最高，14：00 时达到最大值 57.65℃；当太阳可以直接照射到底板上时，底板上表面被太阳直射部分温度也较高，14：00 时温度达 55℃。从图 4.56 可以看出渡槽结构在 14：00 温度达到最高，墙顶、底板上表面、南边墙向阳面、北边墙向阳面和中墙向阳面温度变化幅度较大，幅值差分别可达 27℃、25℃、12.5℃、18.5℃；边墙和中墙背阳面温度变化幅度较小，小于5℃。同等条件下温度效应与温差数值大小直接相关，14：00 较 6：00 温度场变化最大，该时刻引起的温度效应将最大。有鉴于此，进行温度效应分析时选取 14：00 时刻的计算温度场进行三维有限元数值分析。

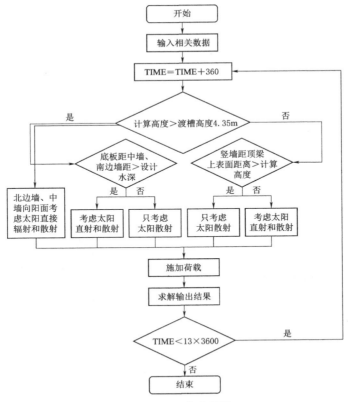

图 4.52　程序流程图

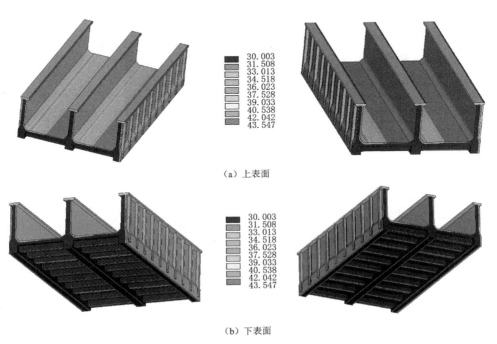

（a）上表面

（b）下表面

图 4.53　10：00 温度场（单位：℃）

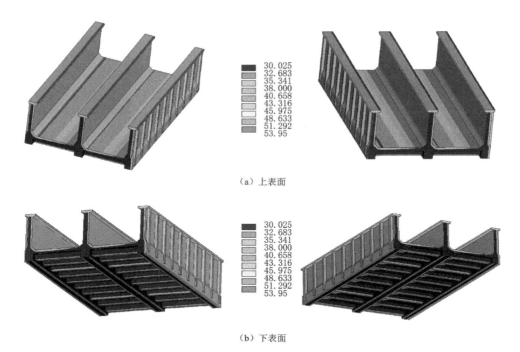

（a）上表面

（b）下表面

图 4.54　12：00 温度场（单位：℃）

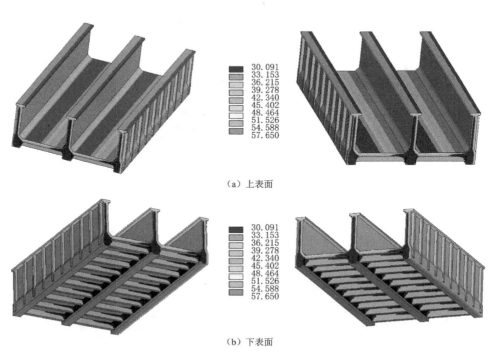

（a）上表面

（b）下表面

图 4.55　14：00 温度场（单位：℃）

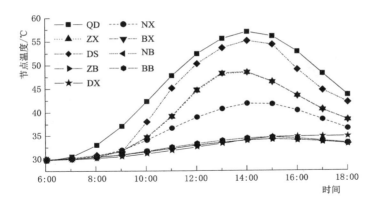

图 4.56 空槽工况节点时间历程图

QD—墙顶；NX—南边墙向阳面；ZX—中墙向阳面；BX—北边墙向阳面；DS—底板上表面；
NB—南边墙背阳面；ZB—中墙背阳面；BB—北边墙背阳面；DX—底板下表面（下均同）

2. 设计水位工况

从图 4.57～图 4.60 可以看出，预应力排水渡槽墙顶靠近向阳面的一侧温度最高，南边墙向阳侧的温度高于北边墙背阳侧的温度。由图 4.60 可以看出，14：00 时，渡槽温度达到最高，墙顶面最高温度达 57.625℃，南边墙外表面达到 42.5℃；北边墙外表面和底板下表面温度变化幅度较小，小于 5℃；由于水的影响，中墙表面、边墙内侧表面和底板上表面温度没有变化。

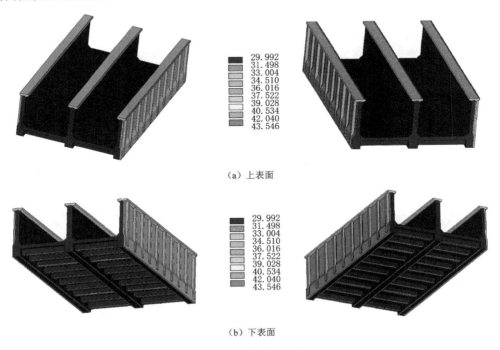

（a）上表面

（b）下表面

图 4.57 10：00 温度场（单位：℃）

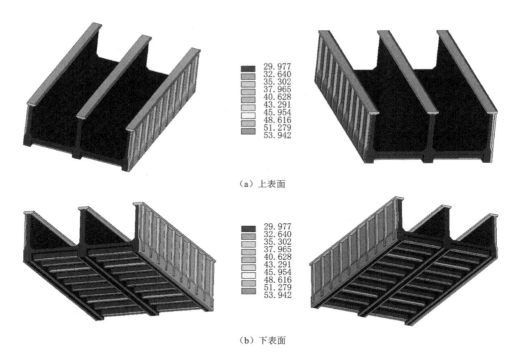

（a）上表面

（b）下表面

图 4.58　12：00 温度场（单位：℃）

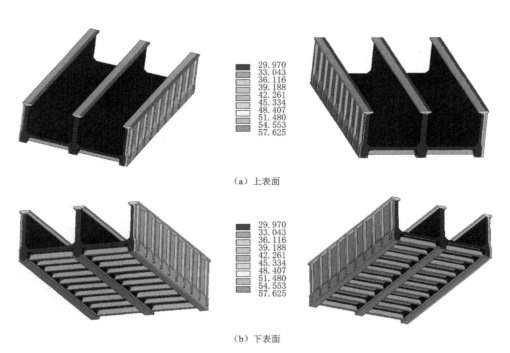

（a）上表面

（b）下表面

图 4.59　14：00 温度场（单位：℃）

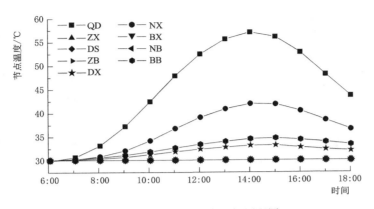

图 4.60 设计水位节点时间历程图

3. 满槽水位工况

从图 4.61～图 4.64 可以看出，满槽水位工况时温度场变化规律与设计水位工况时温度场变化规律基本相同。满槽水位工况下，由于水充满整个槽体，对渡槽墙顶面最高温度有所影响，最大温度为 56.85℃。

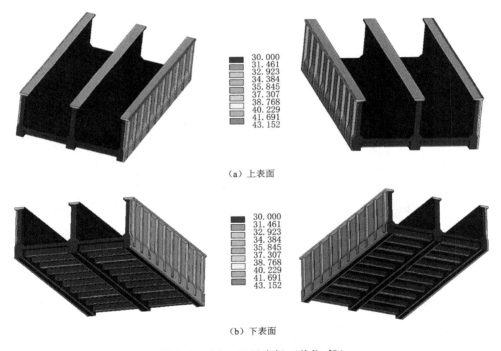

图 4.61 10：00 温度场（单位：℃）

4.4.4.5 冬季温度场计算结果

我国北方地区整个冬季都有多次连续降温过程，并且降温过程总是伴随着大风和风雪。对河北地区而言，大风连续降温过程一般出现在 11 月下旬到 1 月下旬之间，以 1995 年为例，12 月 1—4 日出现的一次连续降温过程很有代表性，其气候条件见表 4.9 和

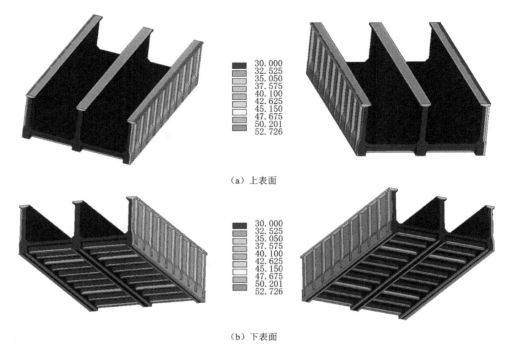

（a）上表面

| 30.000 |
| 32.525 |
| 35.050 |
| 37.575 |
| 40.100 |
| 42.625 |
| 45.150 |
| 47.675 |
| 50.201 |
| 52.726 |

（b）下表面

图 4.62　12：00 温度场（单位:℃）

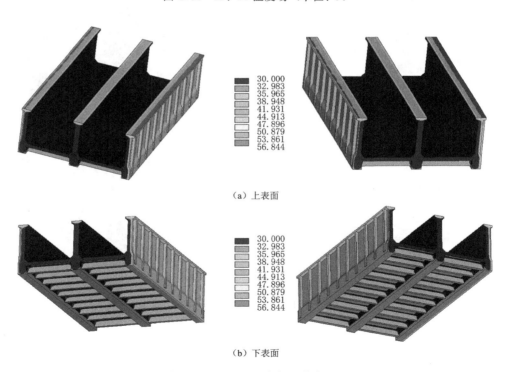

（a）上表面

| 30.000 |
| 32.983 |
| 35.965 |
| 38.948 |
| 41.931 |
| 44.913 |
| 47.896 |
| 50.879 |
| 53.861 |
| 56.844 |

（b）下表面

图 4.63　14：00 温度场（单位:℃）

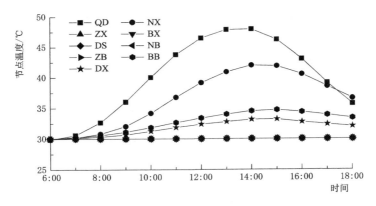

图 4.64 满槽水位节点时间历程图

图 4.65。其中日平均气温分别为 3℃、1.6℃、−1.8℃、−2.2℃。平均风速 5.5m/s。计算时间从 1 日 2：00 一直持续到 4 日 8：00，共计 69 个小时。每 6 个小时为一个荷载步，每个荷载步分 6 个子步进行计算，只输出最后一个子步的计算结果。

表 4.9 1995 年 12 月 1—4 日河北地区气候条件

日期	1 日				2 日				3 日				4 日	
时间	2：00	8：00	14：00	20：00	2：00	8：00	14：00	20：00	2：00	8：00	14：00	20：00	2：00	8：00
温度/℃	2.6	−0.8	9.3	2.3	1.7	−1.3	6	0.1	−2.3	−6.5	2.5	−0.3	−5	−8.8

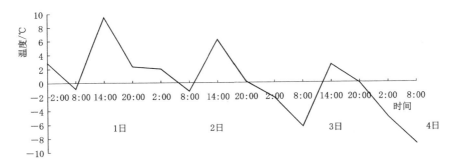

图 4.65 日过程降温图

从图 4.67 可以看出，冬季温降工况时，预应力排水渡槽的温度场变化趋势与外界气温变化趋势一致，所以，在这种工况下只提取了气温最低时刻的温度场结果，即 12 月 4日 8：00 的温度场，在进行应力场结果比较时，也是提取此时刻的应力场结果进行比较。从图 4.66、图 4.67 可以看出，渡槽墙顶两侧、侧肋、横隔梁温度较低，最低达−7.3℃。

4.4.5 渡槽结构稳态温度场

考虑到不同季节的温度变化，以及夏季日温度变化，对于有限元模型采用温度场来模拟实际温度变化，取整体温升为 20℃。温度边界参考《公路桥涵设计通用规范》（JTG D60—2015）确定，侧墙和中墙曝晒面沿壁厚按规范确定温度变化规律；偏于安全考虑，

77

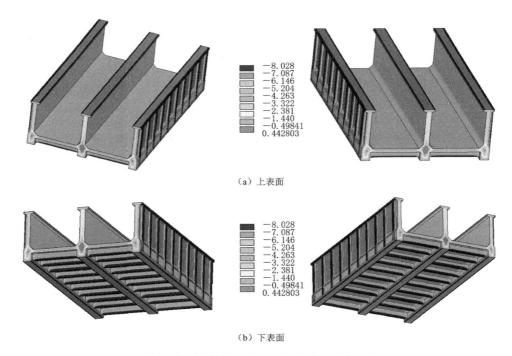

（a）上表面

（b）下表面

图 4.66　12 月 4 日 8：00 温度场（单位：℃）

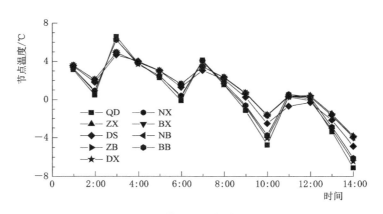

图 4.67　空槽工况节点时间历程图

底板全部设为太阳辐射面，侧壁温度按照梯度温度场选取，$T_1 = 25℃$，$T_2 = 7℃$（图 4.1）。

1. 空槽工况

从图 4.68 可以看出，渡槽墙顶面、竖墙向阳面、底板上表面温度最高，达 45℃，其余表面温度为 20℃。

2. 设计水位工况

从图 4.69 可以看出，渡槽墙顶面、中墙和北边墙向阳面设计水位以上表面、南边墙向阳面温度最高，达 45℃，其余表面温度为 20℃。

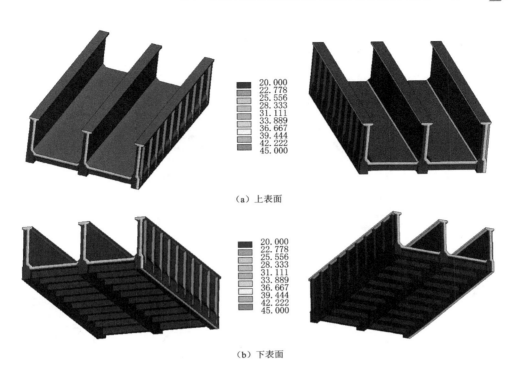

（a）上表面

（b）下表面

图 4.68 空槽稳态温度场（单位：℃）

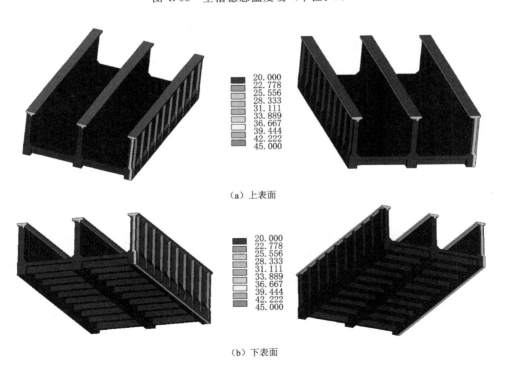

（a）上表面

（b）下表面

图 4.69 设计水位稳态温度场（单位：℃）

3. 满槽水位工况

从图 4.70 可以看出，渡槽墙顶面和南边墙向阳面温度最高，达 45℃，其余表面温度为 20℃。

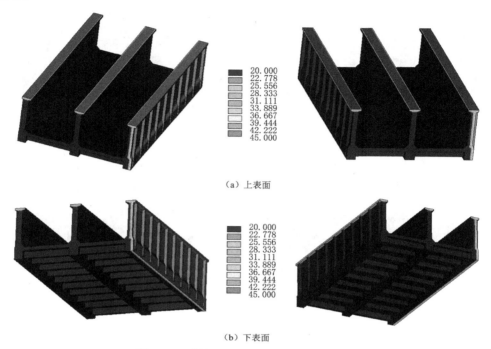

（a）上表面

（b）下表面

图 4.70　满槽水位稳态温度场（单位:℃）

4.4.6　渡槽结构瞬态温度效应

4.4.6.1　夏季温升

在计算考虑预应力、自重、水荷载、风荷载影响下渡槽的温度应力时，本书采用了和计算温度场时相同的网格划分模型，分荷载步读取上一章中计算的各个时刻的节点温度场值，以荷载施加在单元节点上。计算时间从 6：00 到 18：00，共有 13 个荷载步，每个荷载步又分为 4 个荷载子步。

1. 空槽工况

图 4.71～图 4.76 说明：空槽工况下渡槽的最大横向应力与最大纵向应力都随着温度的升高而升高。在纵向方向上，渡槽一端是可以自由移动的，而在横向方向上是完全受约束的，所以，随温度的增加渡槽结构的纵向应力增加较小，横向应力增加较大。

2. 设计水位

从图 4.77～图 4.82 可以看出：设计水位工况下渡槽的最大横向应力与最大纵向应力都随着温度的升高而降低。因为当渡槽过水时，水重在渡槽底部产生最大横向拉应力和最大纵向拉应力，当温度升高时，渡槽结构下表面升温，膨胀受压，使得这个部位的拉应力减小，又由于在纵向方向上，渡槽一端是可以自由移动的，而在横向方向上是完全受约束的，所以，随温度的增加渡槽结构的纵向应力减少较小，横向应力减少较大。

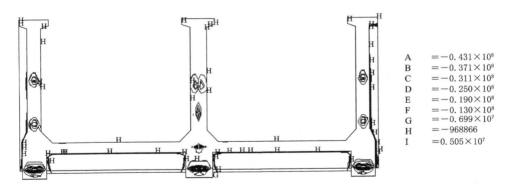

A	$=-0.431\times10^8$
B	$=-0.371\times10^8$
C	$=-0.311\times10^8$
D	$=-0.250\times10^8$
E	$=-0.190\times10^8$
F	$=-0.130\times10^8$
G	$=-0.699\times10^7$
H	$=-968866$
I	$=0.505\times10^7$

图 4.71　10：00 纵向温度应力等值线（单位：Pa）

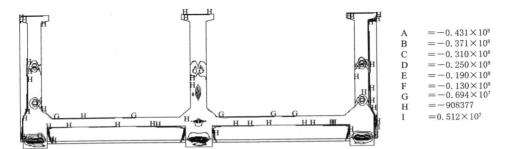

A	$=-0.431\times10^8$
B	$=-0.371\times10^8$
C	$=-0.310\times10^8$
D	$=-0.250\times10^8$
E	$=-0.190\times10^8$
F	$=-0.130\times10^8$
G	$=-0.694\times10^7$
H	$=-908377$
I	$=0.512\times10^7$

图 4.72　12：00 纵向温度应力等值线（单位：Pa）

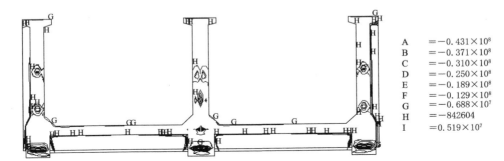

A	$=-0.431\times10^8$
B	$=-0.371\times10^8$
C	$=-0.310\times10^8$
D	$=-0.250\times10^8$
E	$=-0.189\times10^8$
F	$=-0.129\times10^8$
G	$=-0.688\times10^7$
H	$=-842604$
I	$=0.519\times10^7$

图 4.73　14：00 纵向温度应力等值线（单位：Pa）

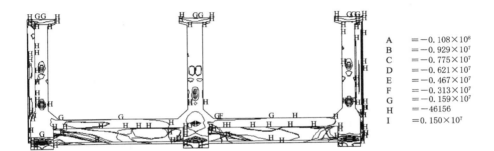

A	$=-0.108\times10^8$
B	$=-0.929\times10^7$
C	$=-0.775\times10^7$
D	$=-0.621\times10^7$
E	$=-0.467\times10^7$
F	$=-0.313\times10^7$
G	$=-0.159\times10^7$
H	$=-46156$
I	$=0.150\times10^7$

图 4.74　10：00 横向温度应力等值线（单位：Pa）

A	$=-0.118\times10^8$
B	$=-0.101\times10^8$
C	$=-0.828\times10^7$
D	$=-0.651\times10^7$
E	$=-0.474\times10^7$
F	$=-0.296\times10^7$
G	$=-0.119\times10^7$
H	$=582764$
I	$=0.236\times10^7$

图 4.75 12：00 横向温度应力等值线（单位：Pa）

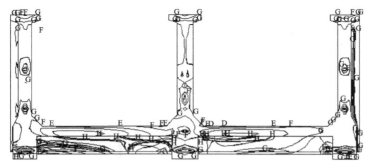

A	$=-0.126\times10^8$
B	$=-0.106\times10^8$
C	$=-0.862\times10^7$
D	$=-0.665\times10^7$
E	$=-0.467\times10^7$
F	$=-0.270\times10^7$
G	$=-720159$
H	$=0.126\times10^7$
I	$=0.323\times10^7$

图 4.76 14：00 横向温度应力等值线（单位：Pa）

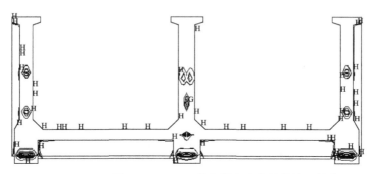

A	$=-0.431\times10^8$
B	$=-0.371\times10^8$
C	$=-0.311\times10^8$
D	$=-0.251\times10^8$
E	$=-0.191\times10^8$
F	$=-0.130\times10^8$
G	$=-0.703\times10^7$
H	$=-0.102\times10^7$
I	$=0.499\times10^7$

图 4.77 6：00 纵向温度应力等值线（单位：Pa）

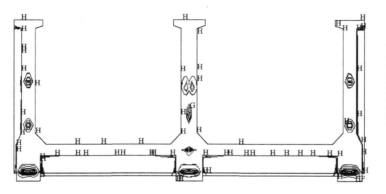

A	$=-0.431\times10^8$
B	$=-0.371\times10^8$
C	$=-0.311\times10^8$
D	$=-0.251\times10^8$
E	$=-0.191\times10^8$
F	$=-0.131\times10^8$
G	$=-0.705\times10^7$
H	$=-0.104\times10^7$
I	$=0.497\times10^7$

图 4.78 10：00 纵向温度应力等值线（单位：Pa）

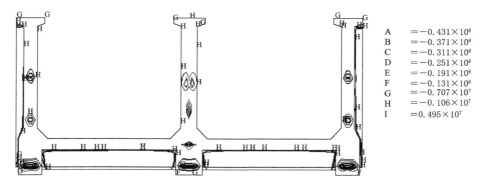

A	$=-0.431\times10^8$
B	$=-0.371\times10^8$
C	$=-0.311\times10^8$
D	$=-0.251\times10^8$
E	$=-0.191\times10^8$
F	$=-0.131\times10^8$
G	$=-0.707\times10^7$
H	$=-0.106\times10^7$
I	$=0.495\times10^7$

图 4.79　14：00 纵向温度应力等值线（单位：Pa）

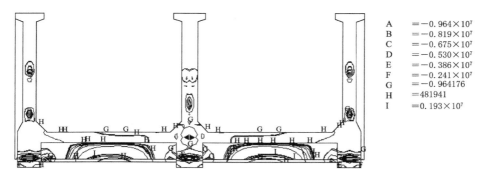

A	$=-0.964\times10^7$
B	$=-0.819\times10^7$
C	$=-0.675\times10^7$
D	$=-0.530\times10^7$
E	$=-0.386\times10^7$
F	$=-0.241\times10^7$
G	$=-0.964176$
H	$=481941$
I	$=0.193\times10^7$

图 4.80　6：00 横向温度应力等值线（单位：Pa）

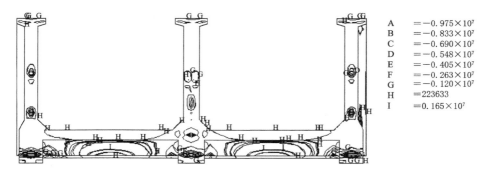

A	$=-0.975\times10^7$
B	$=-0.833\times10^7$
C	$=-0.690\times10^7$
D	$=-0.548\times10^7$
E	$=-0.405\times10^7$
F	$=-0.263\times10^7$
G	$=-0.120\times10^7$
H	$=223633$
I	$=0.165\times10^7$

图 4.81　10：00 横向温度应力等值线（单位：Pa）

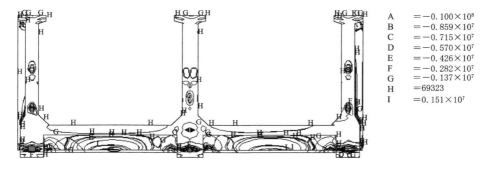

A	$=-0.100\times10^8$
B	$=-0.859\times10^7$
C	$=-0.715\times10^7$
D	$=-0.570\times10^7$
E	$=-0.426\times10^7$
F	$=-0.282\times10^7$
G	$=-0.137\times10^7$
H	$=69323$
I	$=0.151\times10^7$

图 4.82　14：00 横向温度应力等值线（单位：Pa）

3. 满槽水位

从图4.83～图4.88可以看出，满槽工况下渡槽结构的纵向和横向应力随温度的变化规律与设计水位工况相类似。

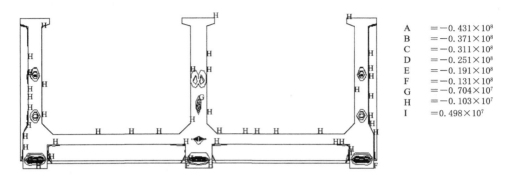

A	$=-0.431\times10^8$
B	$=-0.371\times10^8$
C	$=-0.311\times10^8$
D	$=-0.251\times10^8$
E	$=-0.191\times10^8$
F	$=-0.131\times10^8$
G	$=-0.704\times10^7$
H	$=-0.103\times10^7$
I	$=0.498\times10^7$

图4.83　6：00纵向温度应力等值线（单位：Pa）

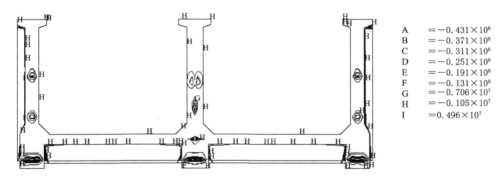

A	$=-0.431\times10^8$
B	$=-0.371\times10^8$
C	$=-0.311\times10^8$
D	$=-0.251\times10^8$
E	$=-0.191\times10^8$
F	$=-0.131\times10^8$
G	$=-0.706\times10^7$
H	$=-0.105\times10^7$
I	$=0.496\times10^7$

图4.84　10：00纵向温度应力等值线（单位：Pa）

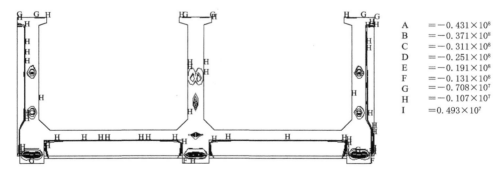

A	$=-0.431\times10^8$
B	$=-0.371\times10^8$
C	$=-0.311\times10^8$
D	$=-0.251\times10^8$
E	$=-0.191\times10^8$
F	$=-0.131\times10^8$
G	$=-0.708\times10^7$
H	$=-0.107\times10^7$
I	$=0.493\times10^7$

图4.85　14：00纵向温度应力等值线（单位：Pa）

4.4.6.2　冬季温降

从图4.89～图4.92可以看出：冬季温降空槽工况下，渡槽结构的纵向最大应力和横向最大应力都随着温度的降低（表4.9，图4.65）而增加，由温降引起的拉应力与由预应力钢绞线引起的局部拉应力相叠加形成较大的叠加拉应力，最大纵向拉应力为5.27MPa，最大横向拉应力为6.24MPa，均超出C50混凝土的抗拉强度。

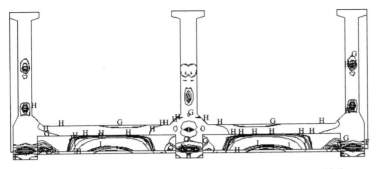

A　＝－0.960×10⁷
B　＝－0.816×10⁷
C　＝－0.672×10⁷
D　＝－0.529×10⁷
E　＝－0.385×10⁷
F　＝－0.242×10⁷
G　＝－979889
H　＝456212
I　＝0.189×10⁷

图 4.86　6：00 横向温度应力等值线（单位：Pa）

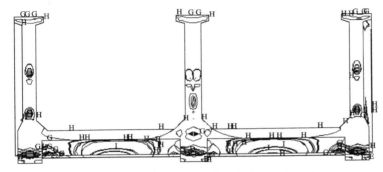

A　＝－0.971×10⁷
B　＝－0.829×10⁷
C　＝－0.688×10⁷
D　＝－0.546×10⁷
E　＝－0.404×10⁷
F　＝－0.263×10⁷
G　＝－0.121×10⁷
H　＝202442
I　＝0.162×10⁷

图 4.87　10：00 横向温度应力等值线（单位：Pa）

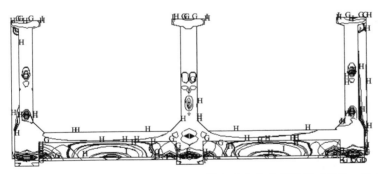

A　＝－0.996×10⁷
B　＝－0.853×10⁷
C　＝－0.709×10⁷
D　＝－0.566×10⁷
E　＝－0.422×10⁷
F　＝－0.279×10⁷
G　＝－0.135×10⁷
H　＝81536
I　＝0.152×10⁷

图 4.88　14：00 横向温度应力等值线（单位：Pa）

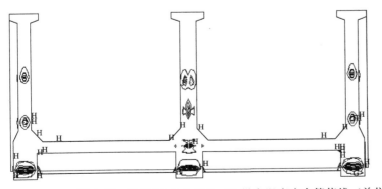

A　＝－0.430×10⁸
B　＝－0.370×10⁸
C　＝－0.309×10⁸
D　＝－0.249×10⁸
E　＝－0.189×10⁸
F　＝－0.129×10⁸
G　＝－0.682×10⁷
H　＝－790070
I　＝0.524×10⁷

图 4.89　空槽 12 月 3 日 8：00 纵向温度应力等值线（单位：Pa）

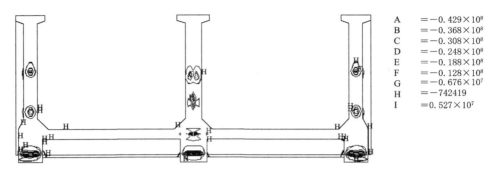

A	$=-0.429\times10^{8}$
B	$=-0.368\times10^{8}$
C	$=-0.308\times10^{8}$
D	$=-0.248\times10^{8}$
E	$=-0.188\times10^{8}$
F	$=-0.128\times10^{8}$
G	$=-0.676\times10^{7}$
H	$=-742419$
I	$=0.527\times10^{7}$

图 4.90　空槽 12 月 4 日 8：00 纵向温度应力等值线（单位：Pa）

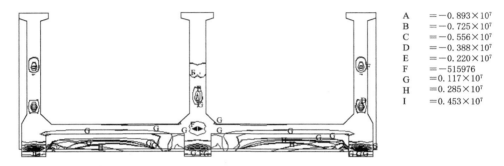

A	$=-0.893\times10^{7}$
B	$=-0.725\times10^{7}$
C	$=-0.556\times10^{7}$
D	$=-0.388\times10^{7}$
E	$=-0.220\times10^{7}$
F	$=-515976$
G	$=0.117\times10^{7}$
H	$=0.285\times10^{7}$
I	$=0.453\times10^{7}$

图 4.91　空槽 12 月 3 日 8：00 横向温度应力等值线（单位：Pa）

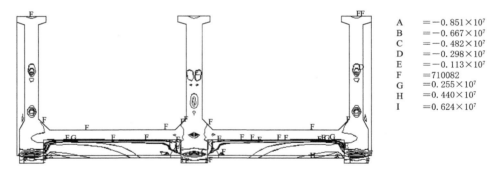

A	$=-0.851\times10^{7}$
B	$=-0.667\times10^{7}$
C	$=-0.482\times10^{7}$
D	$=-0.298\times10^{7}$
E	$=-0.113\times10^{7}$
F	$=710082$
G	$=0.255\times10^{7}$
H	$=0.440\times10^{7}$
I	$=0.624\times10^{7}$

图 4.92　空槽 12 月 4 日 8：00 横向温度应力等值线（单位：Pa）

4.4.7　渡槽结构稳态温度效应

1．空槽工况

图 4.93、图 4.94 为渡槽结构的纵向和横向在空槽工况的状态下，渡槽结构稳态温度效应的温度压力等值线。

2．设计水位

图 4.95、图 4.96 为渡槽结构的纵向和横向在设计水位的状态下，渡槽结构稳态温度效应的温度压力等值线。

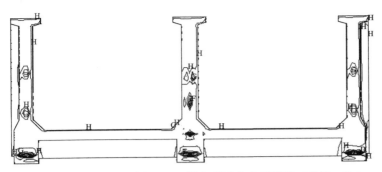

A = −0.424×10⁸
B = −0.365×10⁸
C = −0.305×10⁸
D = −0.246×10⁸
E = −0.186×10⁸
F = −0.127×10⁸
G = −0.676×10⁷
H = −818990
I = 0.512×10⁷

图 4.93　纵向温度应力等值线（单位：Pa）

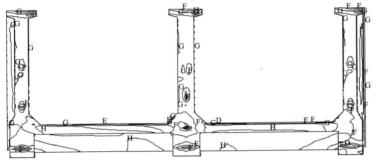

A = −0.142×10⁸
B = −0.119×10⁸
C = −0.958×10⁷
D = −0.724×10⁷
E = −0.491×10⁷
F = −0.258×10⁷
G = −0.244743
H = 0.209×10⁷
I = 0.442×10⁷

图 4.94　横向温度应力等值线（单位：Pa）

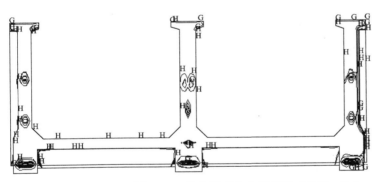

A = −0.431×10⁸
B = −0.371×10⁸
C = −0.311×10⁸
D = −0.251×10⁸
E = −0.191×10⁸
F = −0.131×10⁸
G = −0.706×10⁷
H = −0.104×10⁷
I = 0.497×10⁷

图 4.95　纵向温度应力等值线（单位：Pa）

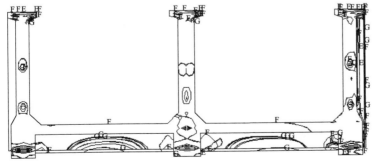

A = −0.117×10⁸
B = −0.959×10⁷
C = −0.746×10⁷
D = −0.533×10⁷
E = −0.319×10⁷
F = −0.106×10⁷
G = 0.108×10⁷
H = 0.321×10⁷
I = 0.535×10⁷

图 4.96　横向温度应力等值线（单位：Pa）

3. 满槽水位

图 4.97、图 4.98 为渡槽结构的纵向和横向在满槽水位的状态下，渡槽结构稳态温度效应的温度压力等值线。

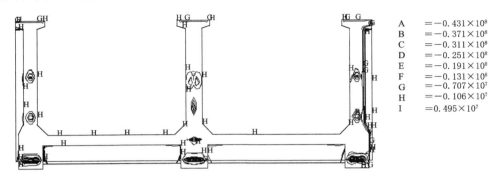

A	$=-0.431\times10^8$
B	$=-0.371\times10^8$
C	$=-0.311\times10^8$
D	$=-0.251\times10^8$
E	$=-0.191\times10^8$
F	$=-0.131\times10^8$
G	$=-0.707\times10^7$
H	$=-0.106\times10^7$
I	$=0.495\times10^7$

图 4.97　纵向温度应力等值线（单位：Pa）

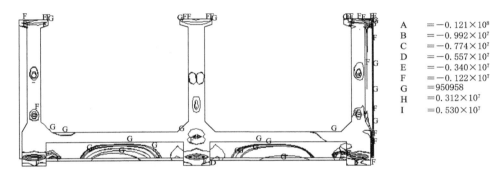

A	$=-0.121\times10^8$
B	$=-0.992\times10^7$
C	$=-0.774\times10^7$
D	$=-0.557\times10^7$
E	$=-0.340\times10^7$
F	$=-0.122\times10^7$
G	$=950958$
H	$=0.312\times10^7$
I	$=0.530\times10^7$

图 4.98　横向温度应力等值线（单位：Pa）

4.4.8　渡槽结构无温度效应分析

1. 空槽工况

图 4.99、图 4.100 为渡槽结构的纵向和横向在空槽工况的状态下，渡槽结构稳态无温度效应的温度应力等值线。

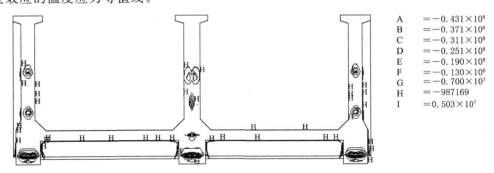

A	$=-0.431\times10^8$
B	$=-0.371\times10^8$
C	$=-0.311\times10^8$
D	$=-0.251\times10^8$
E	$=-0.190\times10^8$
F	$=-0.130\times10^8$
G	$=-0.700\times10^7$
H	$=-987169$
I	$=0.503\times10^7$

图 4.99　纵向温度应力等值线（单位：Pa）

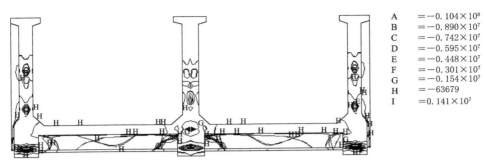

A	$=-0.104\times10^8$
B	$=-0.890\times10^7$
C	$=-0.742\times10^7$
D	$=-0.595\times10^7$
E	$=-0.448\times10^7$
F	$=-0.301\times10^7$
G	$=-0.154\times10^7$
H	$=-63679$
I	$=0.141\times10^7$

图 4.100　横向温度应力等值线（单位：Pa）

2. 设计水位

图 4.101、图 4.102 为渡槽结构的纵向和横向在设计水位的状态下，渡槽结构稳态无温度效应的温度应力等值线。

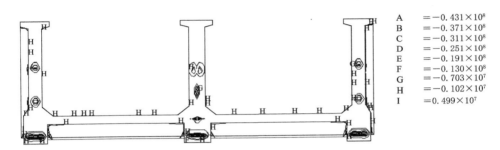

A	$=-0.431\times10^8$
B	$=-0.371\times10^8$
C	$=-0.311\times10^8$
D	$=-0.251\times10^8$
E	$=-0.191\times10^8$
F	$=-0.130\times10^8$
G	$=-0.703\times10^7$
H	$=-0.102\times10^7$
I	$=0.499\times10^7$

图 4.101　纵向温度应力等值线（单位：Pa）

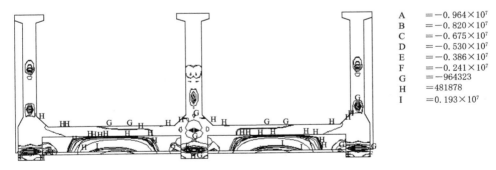

A	$=-0.964\times10^7$
B	$=-0.820\times10^7$
C	$=-0.675\times10^7$
D	$=-0.530\times10^7$
E	$=-0.386\times10^7$
F	$=-0.241\times10^7$
G	$=-964323$
H	$=481878$
I	$=0.193\times10^7$

图 4.102　横向温度应力等值线（单位：Pa）

3. 满槽水位

图 4.103、图 4.104 为渡槽结构的纵向和横向在满槽水位的状态下，渡槽结构稳态无温度效应的温度应力等值线。

4.4.9　成果比较

图 4.99～图 4.104 所显示的应力考虑了由预应力钢绞线引起的局部应力集中因素，

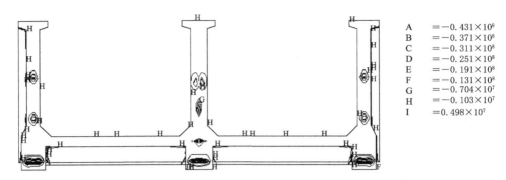

A	$=-0.431\times10^{8}$
B	$=-0.371\times10^{8}$
C	$=-0.311\times10^{8}$
D	$=-0.251\times10^{8}$
E	$=-0.191\times10^{8}$
F	$=-0.131\times10^{8}$
G	$=-0.704\times10^{7}$
H	$=-0.103\times10^{7}$
I	$=0.498\times10^{7}$

图4.103 纵向温度应力等值线（单位：Pa）

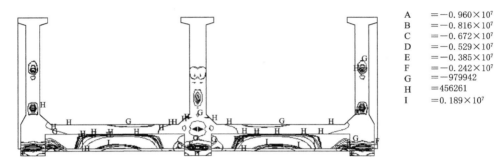

A	$=-0.960\times10^{7}$
B	$=-0.816\times10^{7}$
C	$=-0.672\times10^{7}$
D	$=-0.529\times10^{7}$
E	$=-0.385\times10^{7}$
F	$=-0.242\times10^{7}$
G	$=-979942$
H	$=456261$
I	$=0.189\times10^{7}$

图4.104 横向温度应力等值线（单位：Pa）

不代表实际工程结构中的应力水平，所以本书不以图中所示最大应力作为控制应力，而是在模型中选择典型部位，制定路径提取模型的应力值，然后从每条路径上选出最大的应力值作为控制应力。

4.4.9.1 纵向应力

如图4.105所示为渡槽结构的纵向应力控制点的位置。

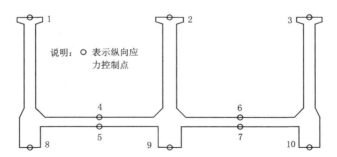

说明：○ 表示纵向应
力控制点

图4.105 纵向应力控制点位置

1. 空槽工况

在渡槽结构的纵向应力控制点的位置处，渡槽在空槽工况的状态下，从图4.106～图4.115可以看出，渡槽结构的各个面的纵向应力随距张拉端距离的变化。

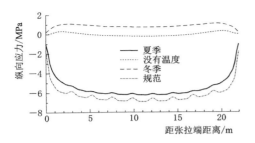

图 4.106 北边墙顶纵向应力

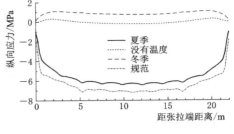

图 4.107 南边墙顶纵向应力

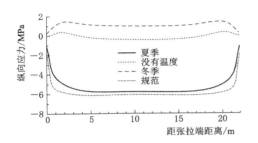

图 4.108 中墙顶纵向应力

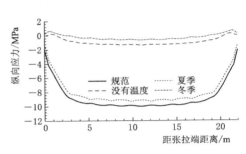

图 4.109 底板上表面纵向应力

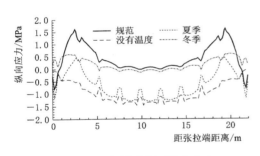

图 4.110 底板下表面纵向应力

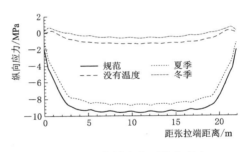

图 4.111 底板上表面纵向应力

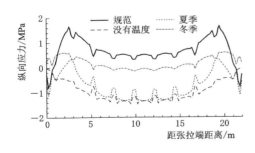

图 4.112 底板下表面纵向应力

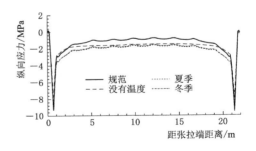

图 4.113 北边墙底纵向应力

2. 设计水位

在渡槽结构的纵向应力控制点的位置处，渡槽在设计水位的状态下，从图 4.116~图 4.125 可以看出，渡槽结构的各个面的纵向应力随距张拉端距离的变化。

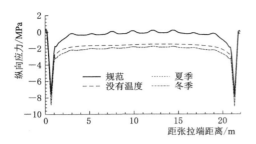

图 4.114　南边墙底纵向应力

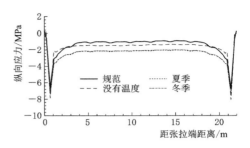

图 4.115　中墙底纵向应力

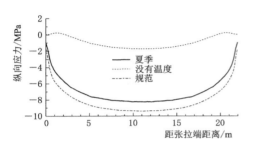

图 4.116　北边墙顶纵向应力

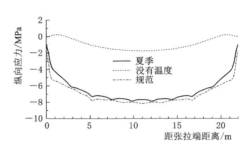

图 4.117　南边墙顶纵向应力

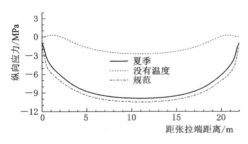

图 4.118　中墙顶纵向应力

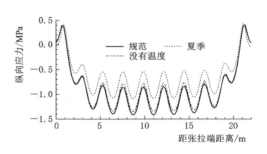

图 4.119　北边墙底板上表面纵向应力

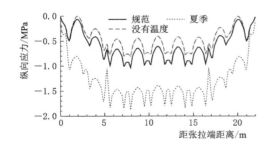

图 4.120　北边墙底板下表面纵向应力

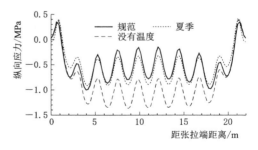

图 4.121　南边墙底板上表面纵向应力

3. 满槽水位

在渡槽结构的纵向应力控制点的位置处，渡槽在满槽水位的状态下，从图 4.126～图 4.135 可以看出，渡槽结构的各个面的纵向应力随距张拉端距离的变化。

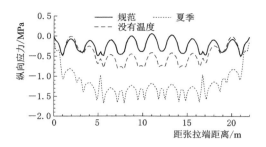

图 4.122 南边墙底板下表面纵向应力

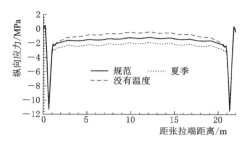

图 4.123 北边墙底纵向应力

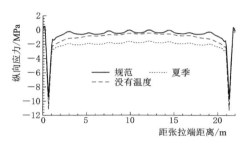

图 4.124 南边墙底纵向应力

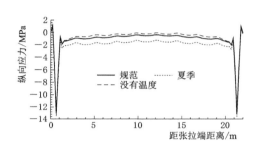

图 4.125 中墙底纵向应力

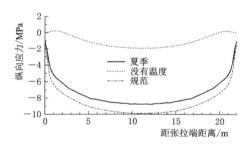

图 4.126 北边墙顶纵向应力

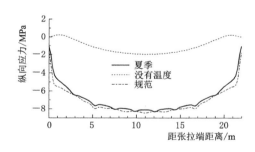

图 4.127 南边墙顶纵向应力

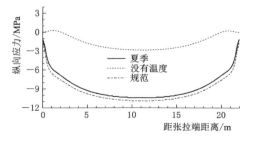

图 4.128 中墙顶纵向应力

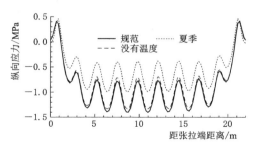

图 4.129 北边墙底板上表面纵向应力

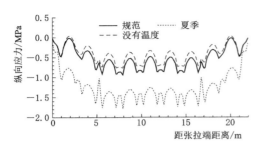

图 4.130　北边墙底板下表面

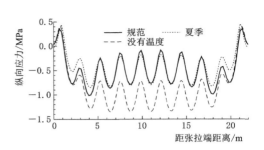

图 4.131　南边墙底板上表面

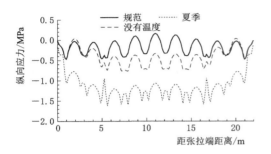

图 4.132　南边墙底板下表面

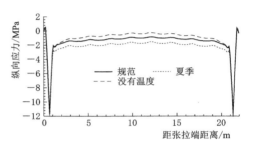

图 4.133　北边墙底纵向应力

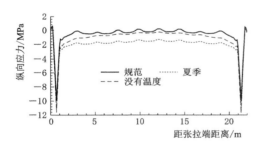

图 4.134　南边墙底纵向应力

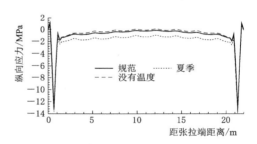

图 4.135　中墙底纵向应力

表 4.10 列出了各控制点所在路径的最大纵向应力值。

表 4.10　　　　　　　　各计算工况控制点纵向（Z 向）应力　　　　　　　　单位：MPa

计算点		1	2	3	4	5	6	7	8	9	10
空槽	a	−6.2	−5.8	−6.4	−9.2	0.5	−8.8	0.4	−2	−2.1	−2
	b	0.32	0.37	0.32	−1.3	−1.2	−1.2	−1.3	−1.6	−1.5	−1.6
	c	1.1	1.45	1.1	−0.6	0.6	−0.5	0.6	−2	−2.1	−2
	d	−6.9	−6.1	−7.1	−10	1.6	−9.6	1.6	−0.8	−1	−0.2
设计	a	−8.2	−10	−7.8	−0.8	−1.6	−0.6	−1.4	−2	−1.6	−2
	b	−1.8	−2.8	−1.8	−1.1	−0.6	−1.1	−0.8	−0.6	−0.2	−0.8
	d	−9.4	−10.5	−8.1	−1.2	−0.8	−0.5	−0.2	−1.4	−0.8	−0.4

续表

计算点		1	2	3	4	5	6	7	8	9	10
满槽	a	−8.8	−10.4	−8.3	−0.7	−1.4	−0.5	−1.4	−2	−1.6	−1.8
	b	−2	−2.9	−2	−1	−0.5	−1	−0.6	−0.6	−0.4	−0.8
	d	−10	−10.9	−8.5	−1.2	−0.7	−0.5	−0.2	−1.2	−0.6	0.2

注 表中拉应力为正，压应力为负；a、b、c、d分别为夏季温升工况、不考虑温度荷载工况、冬季温降工况、用规范方法考虑温度荷载影响工况（下同）。

从表4.10可以得出以下结论。

（1）不考虑温度荷载：空槽工况下，由于预应力钢绞线的影响，在中墙顶部产生最大纵向拉应力为0.37MPa；设计水位工况和满槽水位工况下，在水荷载和预应力钢绞线的共同作用下渡槽结构不产生纵向拉应力，两种工况下的最大纵向压应力都出现在中墙顶部分别为2.8MPa和2.9MPa。

（2）考虑夏季温升温度荷载：空槽工况下，在温度荷载的作用下，排水渡槽底板上表面温度高于底板下表面温度，最大温差达25℃，底板上表面膨胀受压，下表面受拉，在北边槽底板下表面产生最大纵向拉应力为0.5MPa；设计水位工况和满槽水位工况下，在水荷载、预应力钢绞线和温度荷载的共同作用下渡槽结构不产生纵向拉应力，两种工况下的最大纵向压应力都出现在中墙顶部分别为10MPa和10.4MPa。

（3）考虑冬季温降温度荷载：空槽工况下，渡槽结构整体降温，与初始温度最大温差达12℃。温降温度荷载与预应力钢绞线引起的拉应力相叠加，形成不利工况，在中墙顶部产生最大纵向拉应力为1.45MPa。

（4）规范法考虑温度荷载：《公路桥涵设计通用规范》（JTG D60—2015）只考虑了温升温度荷载，温度边界条件与夏季温升工况相似。空槽工况下，排水渡槽底板上表面温度高于底板下表面温度，温差为25℃，最大纵向拉应力出现在底板下表面，为1.6MPa；设计水位工况和满槽水位工况下，在水荷载、预应力钢绞线和温度荷载的共同作用下渡槽结构不产生纵向拉应力，两种工况下的最大纵向压应力都出现在中墙顶部，分别为10.5MPa和10.9MPa。

4.4.9.2 横向应力

1. 空槽工况

在渡槽结构的不同位置处，渡槽在空槽工况的状态下，从图4.136～图4.146可以看出，在渡槽结构的不同位置处横向应力随距北边墙距离的变化。

2. 设计水位

在渡槽结构的不同位置处，渡槽在设计水位的状态下，从图4.147～图4.157可以看出，在渡槽结构的不同位置处横向应力随距北边墙距离的变化。

3. 满槽水位

在渡槽结构的不同位置处，渡槽在满槽水位的状态下，从图4.158～图4.168可以看出，在渡槽结构的不同位置处横向应力随距北边墙距离的变化。

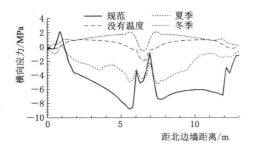

图 4.136　西头底板上表面横向应力

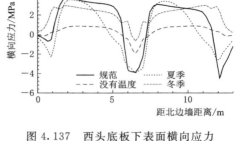

图 4.137　西头底板下表面横向应力

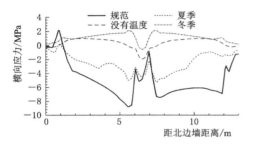

图 4.138　东头底板上表面横向应力

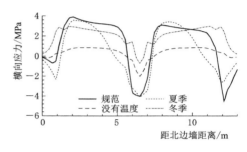

图 4.139　东头底板下表面横向应力

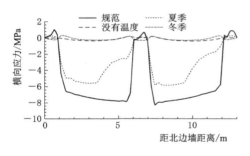

图 4.140　跨中底板上表面横向应力

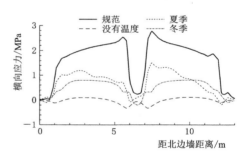

图 4.141　跨中底板下表面横向应力

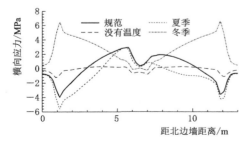

图 4.142　西头第一根横梁横向应力

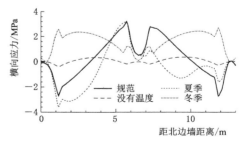

图 4.143　西头第二根横梁横向应力

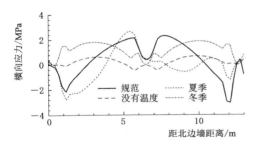

图 4.144 西头第三根横梁横向应力

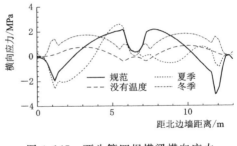

图 4.145 西头第四根横梁横向应力

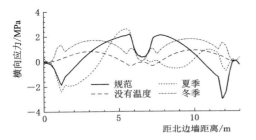

图 4.146 西头第五根横梁横向应力

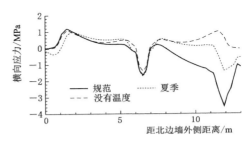

图 4.147 西头底板上表面横向应力

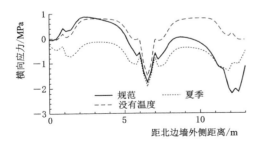

图 4.148 西头底板下表面横向应力

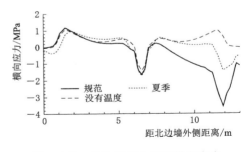

图 4.149 东头底板上表面横向应力

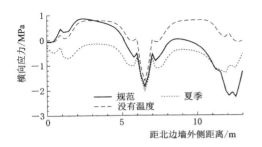

图 4.150 东头底板下表面横向应力

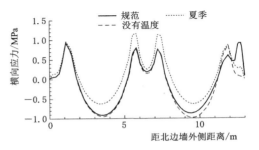

图 4.151 跨中底板上表面横向应力

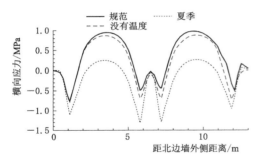

图 4.152　跨中底板下表面横向应力

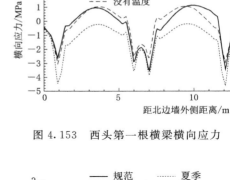

图 4.153　西头第一根横梁横向应力

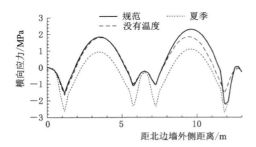

图 4.154　西头第二根横梁横向应力

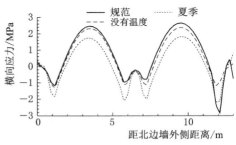

图 4.155　西头第三根横梁横向应力

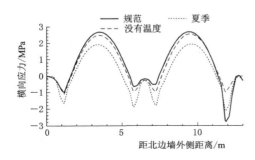

图 4.156　西头第四根横梁横向应力

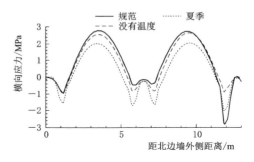

图 4.157　西头第五根横梁横向应力

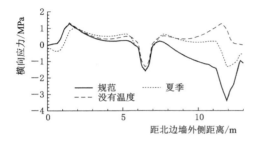

图 4.158　西头底板上表面横向应力

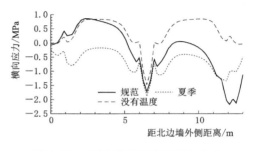

图 4.159　西头底板下表面横向应力

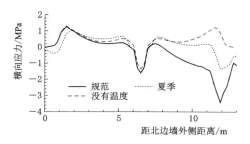

图 4.160 东头底板上表面横向应力

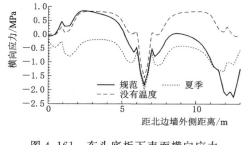

图 4.161 东头底板下表面横向应力

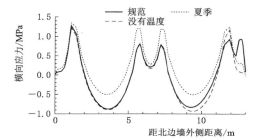

图 4.162 跨中底板上表面横向应力

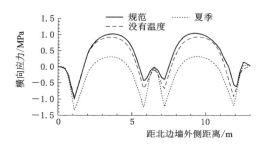

图 4.163 跨中底板下表面横向应力

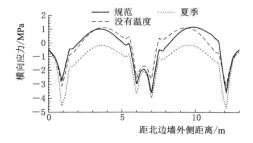

图 4.164 西头第一根横梁横向应力

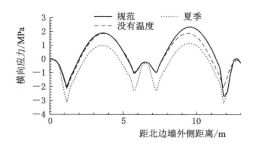

图 4.165 西头第二根横梁横向应力

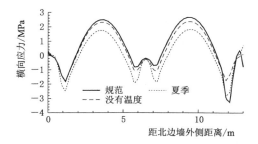

图 4.166 西头第三根横梁横向应力

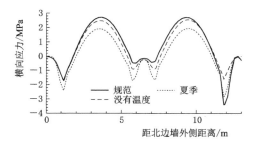

图 4.167 西头第四根横梁横向应力

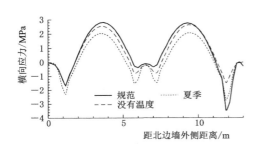

图 4.168　西头第五根横梁横向应力

表 4.11 列出了所选择路径上的最大横向应力值。

由表 4.11 可以得出以下结论。

（1）不考虑温度荷载：空槽工况下，由于预应力钢绞线的影响，在排水渡槽底板下表面存在局部应力集中现象，产生最大拉应力 1MPa；由于水荷载的作用，设计水位工况和满槽水位工况时，排水渡槽的最大横向拉应力都出现在横隔梁下表面，分别为 2.4MPa 和 2.6MPa。

表 4.11　　　　　　　　　各计算工况控制点横向（**X** 向）应力　　　　　　　　　　单位：MPa

计算点		m_1	m_2	m_7	m_6	k_1	k_2	n_1	n_2	n_3	n_4	n_5
空槽	a	−2.8	3.6	−2.8	3.6	−5.4	1.5	2.8	3.2	2.6	2.6	2.6
	b	1	0.8	1	0.8	−0.4	0.1	0.1	0.4	0.7	0.8	0.8
	c	2	2.8	2	2.8	0.4	0.1	2.8	2.8	2	1.8	1.8
	d	−6	3.8	−6	3.8	−8	2.8	2.8	3.2	2.3	2.2	2.1
设计	a	0.6	−0.2	0.6	−0.4	1.1	0.2	−0.2	1.1	1.8	1.8	2
	b	0.4	0.8	0.6	0.8	1	0.2	1	1.8	2.2	2.4	2.4
	d	0.4	0.8	0.6	0.8	1	0.9	1	2.2	2.4	2.6	2.8
满槽	a	1	−0.2	1	−0.4	1.3	0.3	−0.2	1.2	1.8	2	2
	b	1.2	0.8	1.2	0.8	1.2	0.2	1.2	1.8	2.4	2.6	2.6
	d	1.2	0.8	1.2	0.8	1.2	1	1.2	2.3	2.4	2.7	2.8

注　m_1、m_2、m_7、m_6、k_1、k_2 分别为底板张拉端上下表面、锚固端上下表面、跨中上下表面横向应力；n_1、n_2、n_3、n_4、n_5 分别为从张拉端开始第一、二、三、四、五根横隔梁下表面横向应力。

（2）考虑夏季温升温度荷载：空槽工况时，在温度荷载的作用下，排水渡槽底板上表面温度高于底板下表面温度，最大温差达 25℃，底板上表面膨胀受压，下表面受拉，排水渡槽横向是超静定结构，在底板下表面和横隔梁下表面均产生较大的横向拉应力，分别为 3.6MPa 和 3.2MPa；设计水位工况和满槽水位工况时，底板和横隔梁的下表面温度升高受压，抵消一部分由水荷载引起的拉应力，使得底板下表面的最大横向拉应力减小为 0.3MPa，横隔梁下表面的最大横向拉应力减小为 2MPa。

（3）考虑冬季温降温度荷载：空槽工况时，渡槽结构整体降温，与初始温度最大温差达 12℃，由于排水渡槽在横向上是超静定结构，在底板下表面和横隔梁都产生较大的横向拉应力为 2.8MPa。

（4）规范法考虑温度荷载：《公路桥涵设计通用规范》（JTG D60—2015）规定的结构温度边界条件与夏季温升温度边界条件相似。空槽工况下，排水渡槽底板上表面温度高于底板下表面温度，温差为 25℃，在底板下表面和横隔梁下表面产生的最大拉应力分别为 3.8MPa 和 3.2MPa；设计水位和满槽水位工况下最大拉应力出现在横隔梁下表面为 2.8MPa。

4.4.9.3 竖向应力

1. 空槽工况

在渡槽结构的不同位置处，渡槽在空槽工况的状态下，从图 4.169～图 4.174 可以看出，在渡槽结构的不同位置处竖向应力随距底板上表面距离的变化。

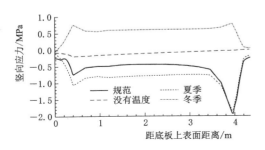

图 4.169 北边墙外侧跨中竖向应力

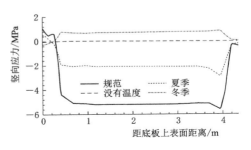

图 4.170 北边墙内侧跨中竖向应力

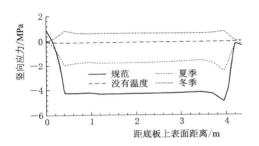

图 4.171 南边墙外侧跨中竖向应力

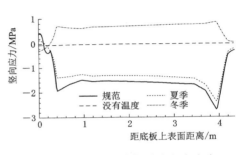

图 4.172 南边墙内侧跨中竖向应力

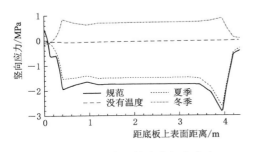

图 4.173 中墙北侧跨中竖向应力

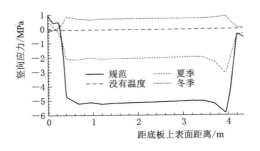

图 4.174 中墙南侧跨中竖向应力

2. 设计水位

在渡槽结构的不同位置处，渡槽在设计水位的状态下，从图 4.175～图 4.180 可以看出，在渡槽结构的不同位置处竖向应力随距底板上表面距离的变化。

3. 满槽水位

在渡槽结构的不同位置处，渡槽在满槽水位的状态下，从图 4.181～图 4.186 可以看出，在渡槽结构的不同位置处竖向应力随距底板上表面距离的变化。

表 4.12 列出了所选择路径上的最大横向应力值。

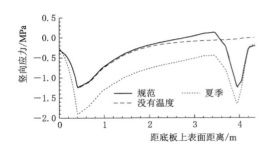

图 4.175　北边墙外侧跨中竖向应力

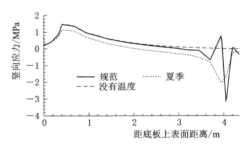

图 4.176　北边墙内侧跨中竖向应力

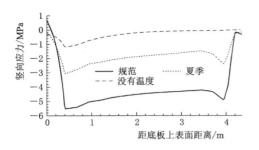

图 4.177　南边墙外侧跨中竖向应力

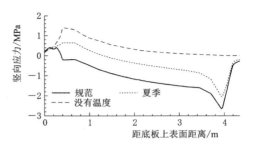

图 4.178　南边墙内侧跨中竖向应力

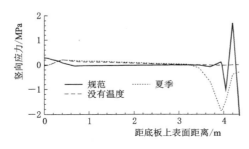

图 4.179　中墙北侧跨中竖向应力

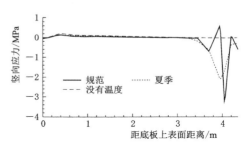

图 4.180　中墙南侧跨中竖向应力

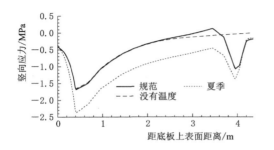

图 4.181　北边墙外侧跨中竖向应力

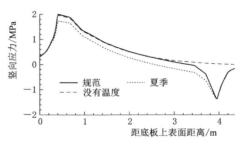

图 4.182　北边墙内侧跨中竖向应力

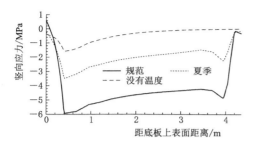

图 4.183 南边墙外侧跨中竖向应力

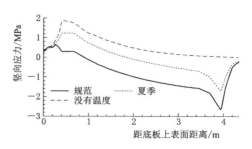

图 4.184 南边墙内侧跨中竖向应力

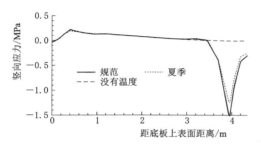

图 4.185 中墙北侧跨中竖向应力

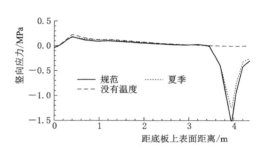

图 4.186 中墙南侧跨中竖向应力

表 4.12　　　　　　　　　　计算工况控制点竖向（Y 向）应力　　　　　　　　单位：MPa

计算点		p_1	p_2	p_3	p_4	p_5	p_6
空槽	a	−0.8	−2	−2.2	−1.3	−1.5	−2
	b	−0.1	0	0	−0.1	−0.1	−0.1
	c	0.8	0.8	0.8	0.8	0.8	0.8
	d	−0.5	−5.2	−4.2	−1.7	−1.8	−5.2
设计	a	−1.9	1.2	−3	0.6	0.2	0.2
	b	−1.2	1.4	−1.2	1.4	0.2	0.2
	d	−1.2	1.4	−5.5	0.4	0.2	0.2
满槽	a	−2.2	1.7	−3.4	1.2	0.2	0.2
	b	−1.6	2	−1.6	1.8	0.2	0.2
	d	−1.6	2	−5.9	0.6	0.2	0.2

注　p_1、p_2、p_3、p_4、p_5、p_6 分别为北边墙外侧、内侧、南边墙外侧、内侧中墙背阳面、向阳面跨中竖向应力。

从表 4.12 可以得出以下结论：

（1）不考虑温度荷载：空槽工况下，由于排水渡槽在竖向方向上是自由约束，没有竖向拉应力和竖向压应力（0.1MPa）；设计水位工况和满槽水位工况时，在水荷载和风荷载的共同作用下，在排水渡槽边墙内侧产生竖向拉应力，最大竖向拉应力分别为 1.4MPa和 2MPa。

（2）考虑夏季温升温度荷载：空槽工况时，北边墙内侧、中墙向阳面和南边墙外侧均受到太阳直接辐射，温度升高，膨胀受压，最大竖向压应力出现在南边墙外侧，为 2.2MPa，没有出现竖向拉应力；设计水位工况和满槽水位工况时，在温度荷载和水荷载的共同作用下，最大竖向拉应力都出现在北边墙内侧，分别为 1.2MPa 和 1.7MPa。

（3）考虑冬季温降温度荷载：空槽工况时，渡槽结构整体降温，在墙体内外侧产生最大竖向拉应力均为 0.8MPa。

（4）规范法考虑温度荷载：《公路桥涵设计通用规范》（JTG D60—2015）规定的结构温度边界条件与夏季温升温度边界条件相似。空槽工况下，最大竖向压应力出现在北边墙内侧，为 5.2MPa，没有产生竖向拉应力；设计水位工况和满槽水位工况下，最大竖向拉应力出现在北边墙内侧，分别为 1.4MPa 和 2MPa。

4.5　小结

本章分别计算了预应力排水渡槽在夏季和冬季两种工况下的瞬态温度场和温度应力，同时又计算了预应力排水渡槽结构在不考虑温度荷载时的应力场，按照《公路桥涵设计通用规范》（JTG D60—2015）规定的温度荷载来计算排水渡槽的稳态温度场和应力场，进行比较，找出了各种工况下最大应力发生的部位（表 4.13）。

表 4.13　各工况最大应力　单位：MPa

温度荷载	应力方向	工况	部位	应力值
不考虑温度荷载	纵向拉应力	空槽工况	中墙顶部	0.37
	横向拉应力	满槽水位工况	横隔梁下表面	2.6
	竖向拉应力	满槽水位工况	边墙内侧	2
夏季温升温度荷载	纵向拉应力	空槽工况	底板下表面	0.5
	横向拉应力	空槽工况	底板下表面	3.6
	竖向拉应力	满槽水位工况	北边墙内侧	1.7
冬季温降温度荷载	纵向拉应力	空槽工况	中墙顶部	1.45
	横向拉应力	空槽工况	底板下表面、横隔梁下表面	2.8
	竖向拉应力	空槽工况	墙体内外侧	0.8
规范规定温度荷载	纵向拉应力	空槽工况	槽底板下表面	1.6
	横向拉应力	空槽工况	底板下表面	3.8
	竖向拉应力	满槽水位工况	北边墙内侧	2

本章主要结论如下。

（1）有限元分析表明，当不考虑温度荷载时，满槽工况是预应力排水渡槽的控制工况，当考虑温度荷载时，空槽工况是预应力排水渡槽的控制工况。排水渡槽在长期无水整体升温太阳曝晒的状况下温度效应作为对渡槽内力影响的主要因素之一，必须给予足够的重视而不能忽略不计。

（2）分析计算了预应力排水渡槽短期温度应力的初始条件和边界条件，特别是对受太阳辐射和大气对流影响的渡槽外表面温度边界进行了一定的研究，并将太阳辐射简化为第三类边界条件。太阳直射和散射是影响渡槽表面温度的主要因素，本书拟合了每小时的辐射资料，通过太阳高度角、太阳和壁面的方位角之间的三角关系计算了各个壁面逐小时辐射量，并将其等效为外界气温的增加值。

（3）不考虑温度荷载影响时，预应力排水渡槽最大横向应力为2.6MPa，当考虑夏季温升温度荷载、冬季温降温度荷载和规范规定的温度荷载时，最大横向应力分别为3.6MPa、2.8MPa和3.8MPa。因此，按照《公路桥涵设计通用规范》（JTG D60—2015）所规定的温度荷载模式所建立的恒定温度场来计算预应力排水渡槽结构的应力状态偏于安全的，温度效应由稳态温度场替换为瞬态温度场进行数值计算，方法简单可行。

（4）空槽工况时，在中墙顶部，由预应力钢绞线引起的拉应力与由温降温度荷载引起的拉应力相叠加将形成不利工况。不考虑温度荷载影响时，中墙顶部最大产生0.37MPa的拉应力，考虑冬季温降温度荷载时，中墙顶部的最大拉应力变为1.45MPa。

（5）夏季温升温度荷载对设计水位工况和满槽水位工况下预应力排水渡槽结构的应力分布有利。设计水位工况和满槽水位工况时，底板和横隔梁的下表面温度升高受压，抵消一部分由水荷载引起的拉应力，使得底板下表面的横向拉应力由0.8MPa减小为0.3MPa，横隔梁下表面的最大横向拉应力由2.6MPa减小为2MPa。

第5章 渡槽局部预应力钢筋失效 三维有限元数值分析

本章在前期复核计算的基础上，以麻黄沟预应力排水渡槽为研究对象进行了局部预应力钢筋失效分析，分别采用以下四种失效模式建立三维有限元数值模型，对比分析失效前后该渡槽的内力变化规律，确定局部预应力钢筋失效对渡槽应力分布的影响。

（1）失效模式1：边墙1底部预应力钢筋失效5根。

（2）失效模式2：边墙1顶部预应力钢筋失效5根。

（3）失效模式3：中墙底部预应力钢筋失效5根。

（4）失效模式4：中墙顶部预应力钢筋失效5根。

渡槽三维有限元数值模型建立和计算过程同以前章节所述，有限元分析时具体考虑2种运营工况，即空槽工况和设计水深工况。

5.1 空槽状态下麻黄沟排水渡槽三维有限元分析

5.1.1 纵向应力

失效模式1（图中简称"失效1"，余同）引起边墙1支座部位附近底部纵向压应力稍有所减小，边墙底部钢筋失效的影响大于顶部钢筋失效模式2（图5.1）；中墙预应力钢筋失效对边墙下表面混凝土纵向应力影响很小（图5.1、图5.2）；失效模式3引起中墙支座部位附近底部纵向压应力稍有所减小，中墙底部钢筋失效的影响大于顶部钢筋失效模式（图5.3）；几种失效情况对边墙2底部纵向应力影响很小（图5.2）。

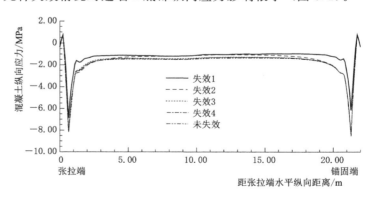

图5.1 空槽状态渡槽边墙1下表面混凝土纵向应力

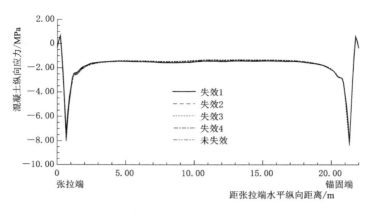

图 5.2 空槽状态渡槽边墙 2 下表面混凝土纵向应力

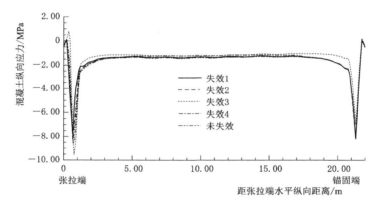

图 5.3 空槽状态渡槽中墙下表面混凝土纵向应力

失效模式 1 引起边墙 1 顶部跨中纵向压应力有所增大，边墙底部钢筋失效的影响大于顶部钢筋失效模式 2（图 5.4）；失效模式 3 引起中墙顶部跨中压应力有所增大，失效模式 4 的影响较小（图 5.6）；几种失效情况对边墙 2 的影响均不大（图 5.5）。

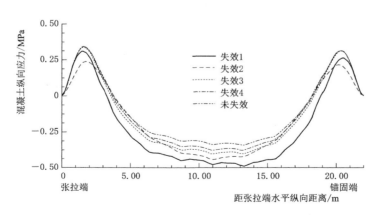

图 5.4 空槽状态渡槽边墙 1 上表面混凝土纵向应力

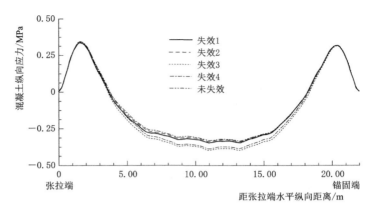

图 5.5　空槽状态渡槽边墙 2 上表面混凝土纵向应力

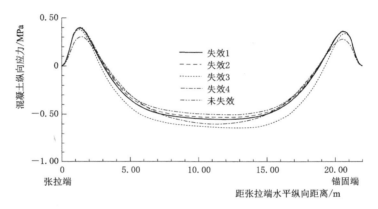

图 5.6　空槽状态渡槽中墙上表面混凝土纵向应力

5.1.2　竖向应力

　　失效模式 2 对边墙 1 迎水面的竖向应力影响最大（图 5.7）；失效模式 1 引起抹角部位拉应力减小，到距张拉端 10.985m 断面，使拉应力变为压应力，其余几种失效情况

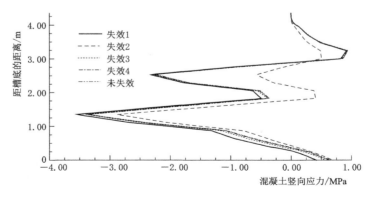

图 5.7　空槽状态渡槽边墙 1 迎水面距张拉端 0.000m 混凝土竖向应力

都引起该部位拉应力增大，失效模式 2 引起拉应力增加最大。总的来讲，几种失效模式对渡槽边墙竖向应力影响不大（图 5.8、图 5.9）。

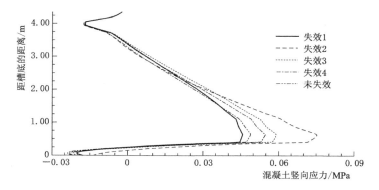

图 5.8　空槽状态渡槽边墙 1 迎水面距张拉端 6.000m 混凝土竖向应力

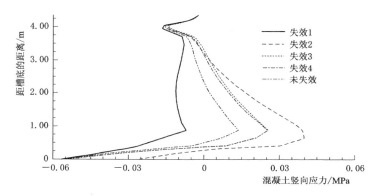

图 5.9　空槽状态渡槽边墙 1 迎水面距张拉端 10.985m 混凝土竖向应力

5.1.3　横向应力

各种失效模式对渡槽底板横向应力影响不大（图 5.10～图 5.12）。

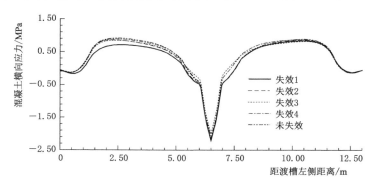

图 5.10　空槽状态渡槽底板上表面距离张拉端 0.000m 混凝土横向应力

各种失效模式对渡槽横梁横向应力影响不大（图 5.13～图 5.15）。

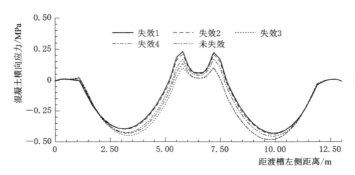

图 5.11　空槽状态渡槽底板上表面距离张拉端 6.000m 混凝土横向应力

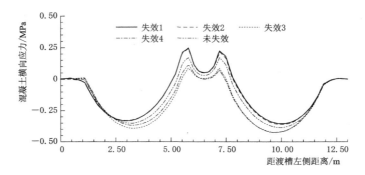

图 5.12　空槽状态渡槽底板上表面距离张拉端 10.985m 混凝土横向应力

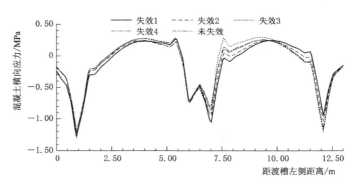

图 5.13　空槽状态距张拉端 0.615m 横梁下表面混凝土横向应力

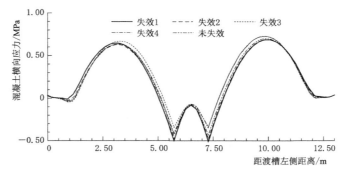

图 5.14　空槽状态距张拉端 5.242m 横梁下表面混凝土横向应力

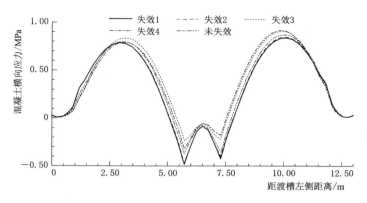

图 5.15 空槽状态距张拉端 9.836m 横梁下表面混凝土横向应力

5.2 设计水位下麻黄沟排水渡槽三维有限元分析

5.2.1 纵向应力

失效模式 1 对边墙 1 下表面混凝土纵向应力的影响较其他失效模式大（图 5.16）；失效模式 3 对中墙下表面混凝土纵向应力的影响较其他失效模式大（图 5.18）；几种失效模式对边墙 2 下表面混凝土纵向应力影响均很小（图 5.17）。

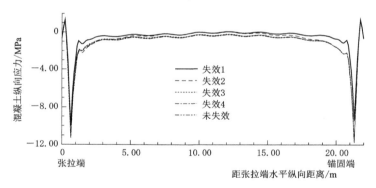

图 5.16 设计水位渡槽边墙 1 下表面混凝土纵向应力

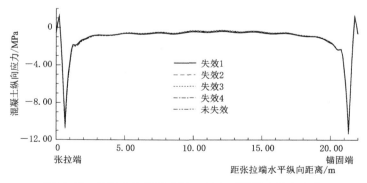

图 5.17 设计水位渡槽边墙 2 下表面混凝土纵向应力

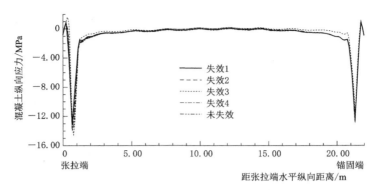

图 5.18 设计水位渡槽中墙下表面混凝土纵向应力

失效模式 1 对边墙 1 上表面混凝土纵向应力的影响较其他失效模式大（图 5.19）；失效模式 3 对中墙上表面混凝土纵向应力的影响较其他失效模式大（图 5.21）；几种失效情况对边墙 2 的影响很小（图 5.20）。

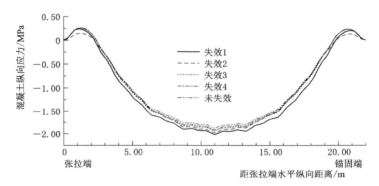

图 5.19 设计水位渡槽边墙 1 上表面混凝土纵向应力

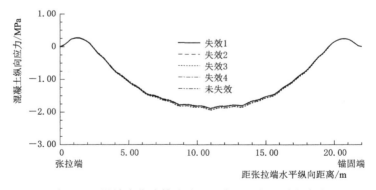

图 5.20 设计水位渡槽边墙 2 上表面混凝土纵向应力

5.2.2 竖向应力

失效模式 2 对边墙 1 迎水面的竖向应力影响最大（图 5.22）；预应力钢筋失效模式对渡槽边墙距张拉端较远的断面竖向应力影响不大（图 5.23、图 5.24）。

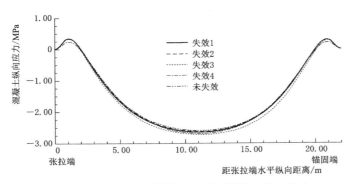

图 5.21 设计水位渡槽中墙上表面混凝土纵向应力

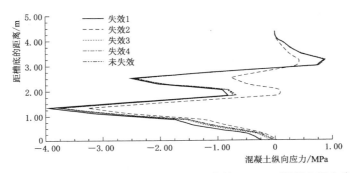

图 5.22 设计水位渡槽边墙 1 迎水面距张拉端 0.000m 混凝土竖向应力

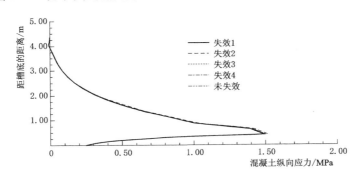

图 5.23 设计水位渡槽边墙 1 迎水面距张拉端 6.000m 混凝土竖向应力

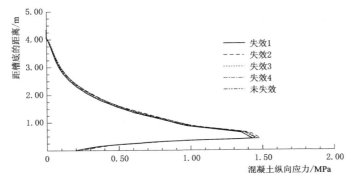

图 5.24 设计水位渡槽边墙 1 迎水面距张拉端 10.985m 混凝土竖向应力

5.2.3　横向应力

各种失效模式对设计水位下渡槽底板横向应力影响不大（图 5.25～图 5.27）。

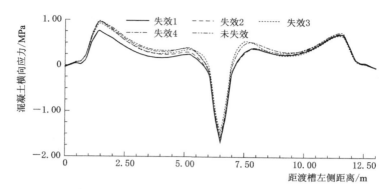

图 5.25　设计水位渡槽底板上表面距离张拉端 0.000m 混凝土横向应力

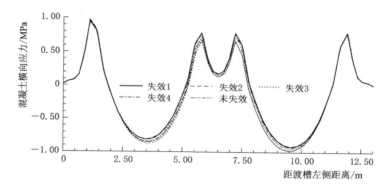

图 5.26　设计水位渡槽底板上表面距离张拉端 6.000m 混凝土横向应力

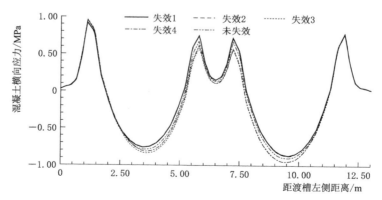

图 5.27　设计水位渡槽底板上表面距离张拉端 10.985m 混凝土横向应力

各种失效模式对设计水位渡槽横梁横向应力影响不大（图 5.28～图 5.30）。

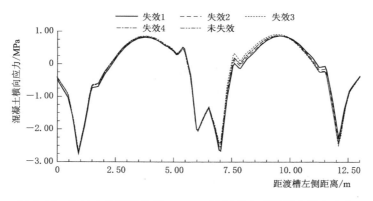

图 5.28 设计水位距张拉端 0.615m 横梁下表面混凝土横向应力

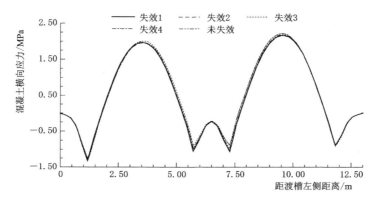

图 5.29 设计水位距张拉端 5.242m 横梁下表面混凝土横向应力

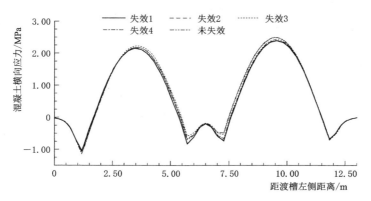

图 5.30 设计水位距张拉端 9.836m 横梁下表面混凝土横向应力

第6章 预应力排水渡槽优化设计

6.1 横梁对预应力排水渡槽的影响

预应力排水渡槽优化设计是多种技术、经济因素妥协和平衡的结果,为获得合理的优化设计方案,对预应力排水渡槽的受力规律必须进行深入的研究和分析。纵梁和边墙的受力机制是比较明确的,横梁作为各纵梁相互协调变形的主要纽带,不同条件下其对预应力排水渡槽的影响仍有待研究,如横梁间距、高度、厚度等参数的变化将如何影响结构受力,并没有明确的论断。

有鉴于此,本节以麻黄沟排水渡槽原设计方案为基础,对比分析了渡槽在下述2类因素下受力状态的变化特点,归纳了相关影响因素的变化规律,该研究为最优化设计方案提供了深刻的理论分析依据。

影响因素一:保持横梁高度、厚度不变,加大横梁间距,减少横梁根数。

原设计:横梁根数10,端部横梁间距2330mm,中横梁间距2297mm。

方案1:横梁根数8,端部横梁间距2995mm,中横梁间距2950mm。

方案2:横梁根数6,端部横梁间距4160mm,中横梁间距4140mm。

影响因素二:保持横梁高度、间距不变,减小横梁厚度。

原设计:边横梁厚度400mm,中横梁厚度300mm。

方案1:边横梁厚度350mm,中横梁厚度250mm。

方案2:边横梁厚度300mm,中横梁厚度200mm。

6.2 影响因素一

6.2.1 空槽状态麻黄沟排水渡槽三维有限元分析

1. 渡槽纵向应力

排除渡槽预应力钢绞线锚固部位及支座位置局部区域应力集中,渡槽边墙和中墙下表面混凝土均处于纵向受压状态,原设计、方案1和方案2边墙1下表面跨中混凝土纵向应力依次为-1.39MPa、-1.40MPa和-1.42MPa,边墙2下表面跨中混凝土纵向应力依次为-1.40MPa、-1.42MPa和-1.44MPa,中墙下表面跨中混凝土纵向应力依次为-1.41MPa、-1.41MPa和-1.44MPa。虽然三种模型横梁间距不同,但是边墙和中墙跨中下表面混凝土纵向压应力值基本保持不变,(图6.1~图6.3);边墙和中墙上表面混凝土两端小区域存在纵向拉应力,跨中上表面混凝土纵向压应力值随横梁间距增大略有减小,原设计、方案1和方案2边墙1上表面跨中混凝土纵向应力依次为-0.34MPa、

−0.31MPa 和 −0.29MPa，边墙 2 上表面跨中混凝土纵向应力依次为 −0.33MPa、−0.31MPa 和 −0.29MPa，中墙上表面跨中混凝土纵向应力依次为 −0.50MPa、−0.48MPa 和 −0.45MPa。（图 6.4～图 6.6）。

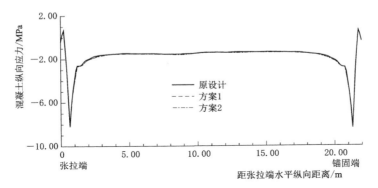

图 6.1　空槽状态下渡槽边墙 1 下表面混凝土纵向应力

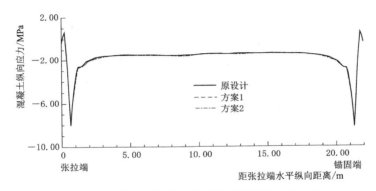

图 6.2　空槽状态下渡槽边墙 2 下表面混凝土纵向应力

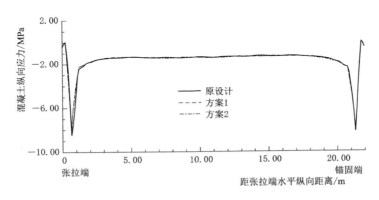

图 6.3　空槽状态下渡槽中墙下表面混凝土纵向应力

　　渡槽底板跨中混凝土上、下表面纵向应力如图 6.7、图 6.8 所示，随横梁间距增加，上表面混凝土纵向压应力值相应减小，下表面混凝土纵向压应力值相应增加，横梁间距增加对底板混凝土纵向应力影响较大，这与四边固结板随跨度增大内力分布的变化规律是相对应的。

117

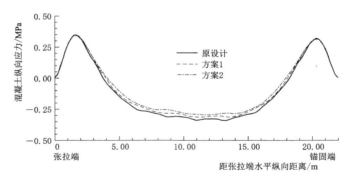

图 6.4　空槽状态下渡槽边墙 1 上表面混凝土纵向应力

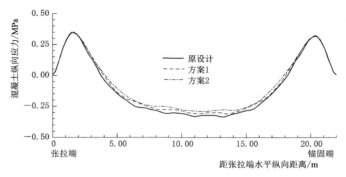

图 6.5　空槽状态下渡槽边墙 2 上表面混凝土纵向应力

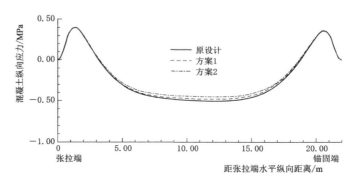

图 6.6　空槽状态下渡槽中墙上表面混凝土纵向应力

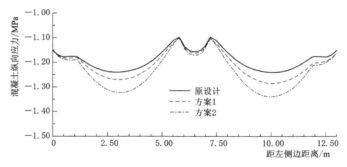

图 6.7　空槽状态下渡槽底板跨中上表面混凝土纵向应力

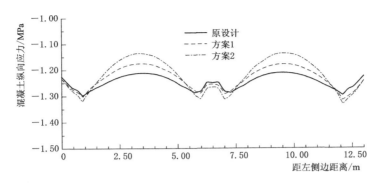

图 6.8 空槽状态下渡槽底板跨中下表面混凝土纵向应力

2. 渡槽横向应力

随横梁间距的增大，各方案下同一位置处渡槽底板混凝土横向应力数值基本保持不变（图 6.9～图 6.12）。对于横梁下表面中线混凝土横向应力，随着横梁间距增大，横向拉应力值逐渐增加（图 6.13、图 6.14）。除对横梁混凝土横向应力影响较大外，其余部位影响较小。这种影响是由于横梁间距的增大导致其所分担荷载数值的增大，从而引起横梁混凝土横向内力的增大。

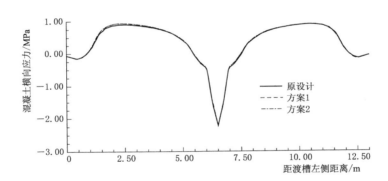

图 6.9 空槽状态下渡槽底板上表面距离张拉端 0.000m 混凝土横向应力

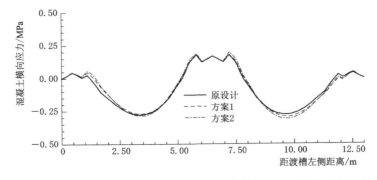

图 6.10 空槽状态下渡槽底板上表面距离张拉端 2.000m 混凝土横向应力

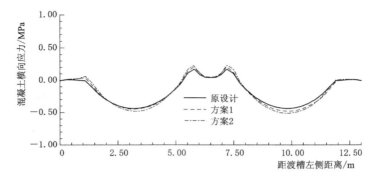

图 6.11　空槽状态下渡槽底板上表面距离张拉端 6.000m 混凝土横向应力

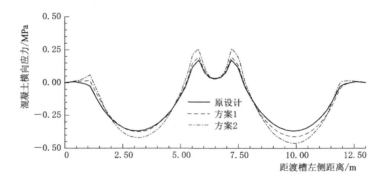

图 6.12　空槽状态下渡槽底板上表面距离张拉端 10.985m 混凝土横向应力

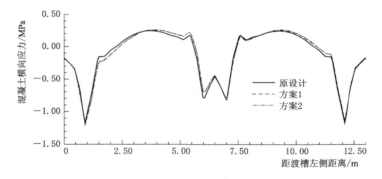

图 6.13　空槽状态下渡槽横梁 1 下表面中线混凝土横向应力
注　随横梁距离张拉端距离的增加，依次编号为横梁 1、2、3…

3. 渡槽变形

渡槽在空槽状态下，预应力作用使渡槽跨中均向上拱，原设计、方案 1 和方案 2 边墙 1 下表面跨中竖向位移依次为 0.23mm、0.25mm 和 0.26mm，边墙 2 下表面跨中竖向位移依次为 0.24mm、0.26mm 和 0.27mm，中墙下表面跨中竖向位移依次为 0.11mm、0.12mm 和 0.14mm。随着横梁间距增大，边墙和中墙竖向位移增加，边墙变化值略大于中墙（图 6.15～图 6.17）。横梁间距的大小对渡槽竖向变形存在一定的影响，但在空槽状态下影响不是很大。

120

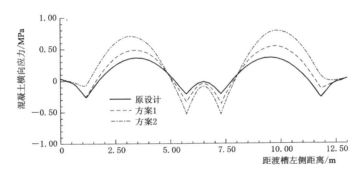

图 6.14 空槽状态下渡槽横梁 2 下表面中线混凝土横向应力

注 随横梁距离张拉端距离的增加,依次编号为横梁 1、2、3…

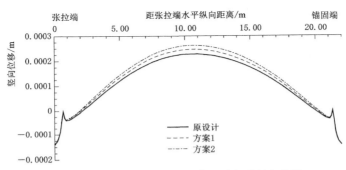

图 6.15 空槽状态下渡槽边墙 1 下表面竖向位移

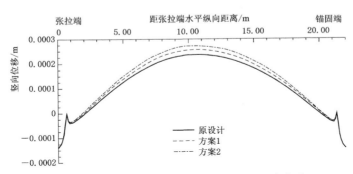

图 6.16 空槽状态下渡槽边墙 2 下表面竖向位移

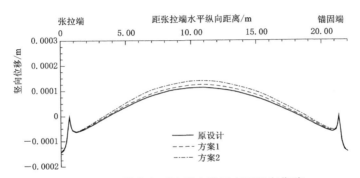

图 6.17 空槽状态下渡槽中墙下表面竖向位移

6.2.2　设计水位下麻黄沟排水渡槽三维有限元分析

设计水位状态荷载组合为设计水位水荷载、自重及预应力组合，为短期组合。

1. 渡槽纵向应力

排除渡槽预应力钢绞线锚固部位及支座位置局部区域应力集中，渡槽边墙和中墙下表面混凝土均处于纵向受压状态，随着横梁间距增大，跨中下表面混凝土纵向压应力基本不变（图 6.18～图 6.20）。渡槽边墙和中墙上表面混凝土两端小区域存在纵向拉应力，随着横梁间距增大，边墙跨中上表面混凝土纵向压应力同样基本相同（图 6.21、图 6.22），中墙跨中上表面混凝土纵向压应力值有较小幅度增加，原设计、方案 1 和方案 2 中墙跨中上表面混凝土纵向应力依次为 -2.89MPa、-2.96MPa 和 -3.02MPa（图 6.23），相差数值不大。

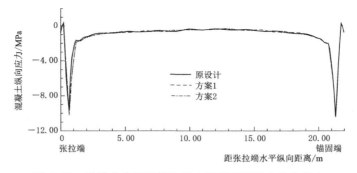

图 6.18　设计水位下渡槽边墙 1 下表面混凝土纵向应力

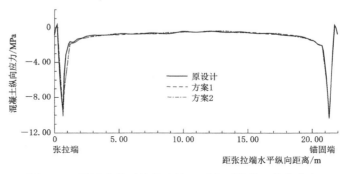

图 6.19　设计水位下渡槽边墙 2 下表面混凝土纵向应力

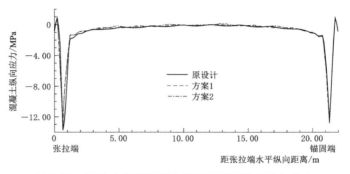

图 6.20　设计水位下渡槽中墙下表面混凝土纵向应力

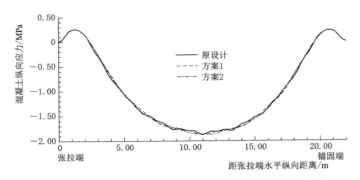

图 6.21 设计水位下渡槽边墙 1 上表面混凝土纵向应力

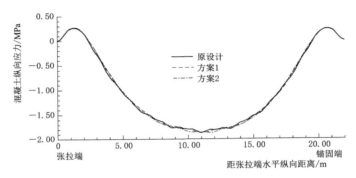

图 6.22 设计水位下渡槽边墙 2 上表面混凝土纵向应力

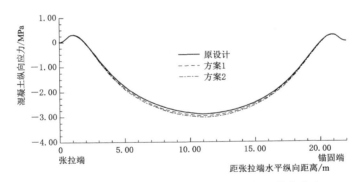

图 6.23 设计水位下渡槽中墙上表面混凝土纵向应力

渡槽底板跨中混凝土表面纵向压应力如图 6.24、图 6.25 所示，上表面混凝土纵向压应力值随着横梁间距的增大而增加，相反下表面混凝土纵向压应力值逐步减小，与四边固结板随纵向跨度增加的内力变化规律相对应。

2. 渡槽横向应力

随着横梁间距增大，除渡槽端部所受影响较小外，渡槽底板上表面混凝土横向压应力值逐渐增加（图 6.26~图 6.29），横梁下表面拉应力值也随之增加（图 6.30、图 6.31），其余部位基本相同，与渡槽横梁间距增大、横向刚度减小、设计水位下横向应力随之增大的规律相对应。

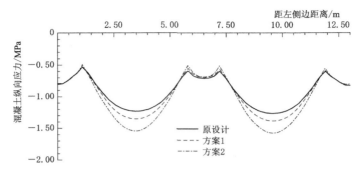

图 6.24　设计水位下渡槽底板跨中上表面混凝土纵向应力

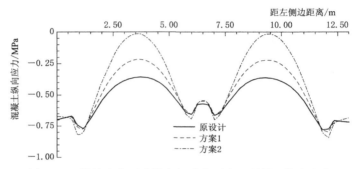

图 6.25　设计水位下渡槽底板跨中下表面混凝土纵向应力

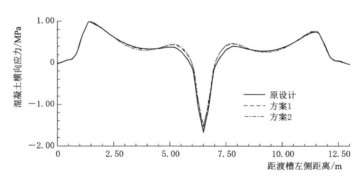

图 6.26　设计水位下渡槽底板上表面距离张拉端 0.000m 混凝土横向应力

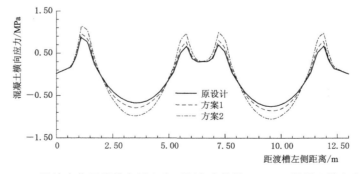

图 6.27　设计水位下渡槽底板上表面距离张拉端 2.000m 混凝土横向应力

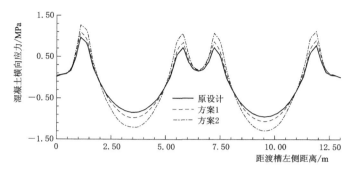

图 6.28 设计水位下渡槽底板上表面距离张拉端 6.000m 混凝土横向应力

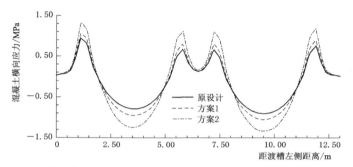

图 6.29 设计水位下渡槽底板上表面距离张拉端 10.985m 混凝土横向应力

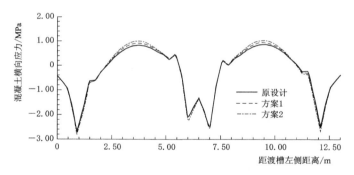

图 6.30 设计水位下渡槽横梁 1 下表面中线混凝土横向应力

注　随横梁距离张拉端距离的增加，依次编号为横梁 1、2、3…

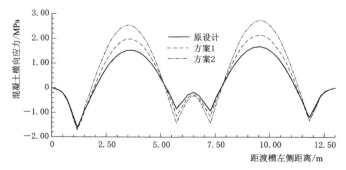

图 6.31 设计水位下渡槽横梁 2 下表面中线混凝土横向应力

注　随横梁距离张拉端距离的增加，依次编号为横梁 1、2、3…

3. 渡槽竖向应力

排除渡槽预应力钢绞线锚固部位及支座位置处的应力集中，渡槽竖墙竖向拉应力较小，在边墙内侧贴角上边缘，竖向拉应力值随着横梁间距增大而增加，但变化较小（图6.32～图6.34），其余部分竖向应力基本相同。

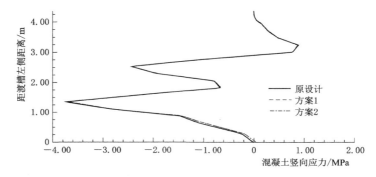

图6.32 设计水位渡槽侧墙迎水面距张拉端0.000m混凝土竖向应力

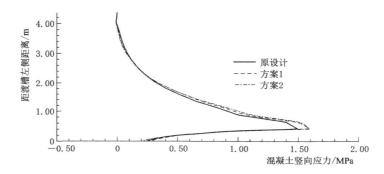

图6.33 设计水位渡槽侧墙迎水面距张拉端6.000m混凝土竖向应力

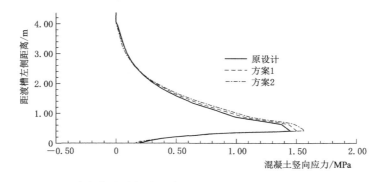

图6.34 设计水位渡槽侧墙迎水面距张拉端10.985m混凝土竖向应力

4. 渡槽变形

渡槽在设计水位下整体下移，随着横梁间距增大，边墙竖向位移值基本相同，中墙竖向位移值有小幅度增加，边墙变化值小于中墙（图6.35～图6.37）。

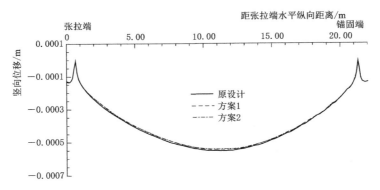

图 6.35 设计水位下渡槽边墙 1 下表面竖向位移

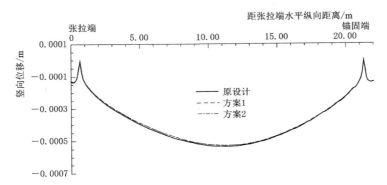

图 6.36 设计水位下渡槽边墙 2 下表面竖向位移

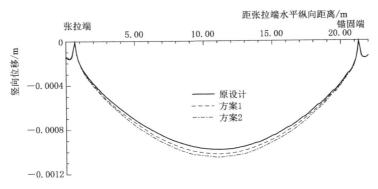

图 6.37 设计水位下渡槽中墙下表面竖向位移

6.2.3 影响因素一小结

空槽状态下尽管 3 个渡槽模型的横梁间距不同，边墙和中墙混凝土纵向应力随间距增加有所变化，但数值相差很小，认为基本保持不变；渡槽底板混凝土上、下表面纵向应力随横梁间距增加，上表面混凝土纵向压应力值相应减小，下表面混凝土纵向压应力值相应增加，与四边固结板随跨度增大内力分布的变化规律相对应。

空槽状态下随渡槽横梁间距的增大，除对横梁混凝土横向应力影响较大外，其余部位影响较小。与横梁间距大、所分担荷载大、引起横向内力大是相对应的。

空槽状态下横梁间距对渡槽竖向应力的分布几乎无影响。横梁间距大小对渡槽竖向变形存在一定的影响，但在空槽状态下影响不是很大。

设计水位下渡槽边墙和中墙混凝土纵向应力随横梁间距增大基本保持不变。渡槽底板上表面混凝土纵向压应力值随横梁间距增大而增加，下表面混凝土纵向压应力值逐步减小，与四边固结板随纵向跨度增加的内力变化规律相对应。

随着横梁间距增大，横向刚度减小，设计水位下横向应力随之增大，渡槽底板上表面混凝土横向压应力值逐渐增加，横梁下表面拉应力值也随之增加，其余部位基本相同。

设计水位下横梁间距对渡槽竖向应力的分布几乎无影响。横梁间距大小对渡槽竖向变形存在一定的影响，但影响不大。

鉴于此，在进行设计时，在保证横梁和底板设计要求的基础上，可适当放宽横梁间距，以利于设计和施工。

6.3　影响因素二

6.3.1　空槽状态下麻黄沟排水渡槽三维有限元分析

1. 渡槽纵向应力

排除渡槽预应力钢绞线锚固部位及支座位置局部区域应力集中，渡槽边墙和中墙下表面混凝土均处于纵向受压状态，虽然 3 种模型横梁厚度不同，但是边墙和中墙跨中下表面混凝土纵向压应力值基本保持不变，（图 6.38～图 6.40）；边墙和中墙上表面混凝土两端小区域存在纵向拉应力，跨中上表面混凝土纵向压应力值随横梁厚度减小而略有减小，但其差值均在 0.05MPa 以内（图 6.41～图 6.43）。

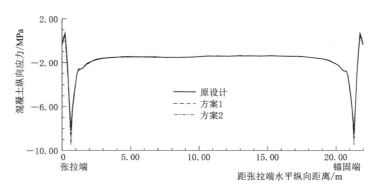

图 6.38　空槽状态下渡槽边墙 1 下表面混凝土纵向应力

渡槽底板跨中混凝土上、下表面纵向应力（图 6.44、图 6.45）所示，随横梁厚度减小，上表面混凝土纵向压应力值相应减小，下表面混凝土纵向压应力值相应增加，与四边固结板随跨度增大内力分布的变化规律相对应，应力增值不大，近似不变。

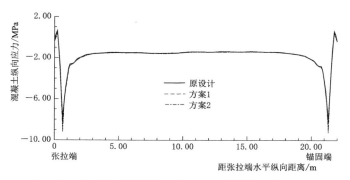

图 6.39 空槽状态下渡槽边墙 2 下表面混凝土纵向应力

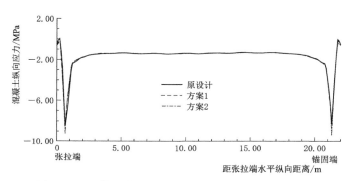

图 6.40 空槽状态下渡槽中墙下表面混凝土纵向应力

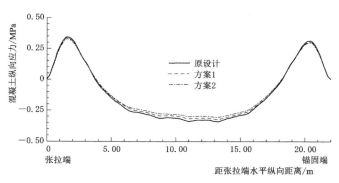

图 6.41 空槽状态下渡槽边墙 1 上表面混凝土纵向应力

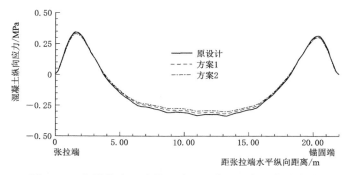

图 6.42 空槽状态下渡槽边墙 2 上表面混凝土纵向应力

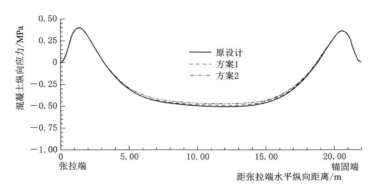

图 6.43　空槽状态下渡槽中墙上表面混凝土纵向应力

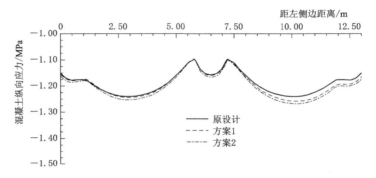

图 6.44　空槽状态下渡槽底板跨中上表面混凝土纵向应力

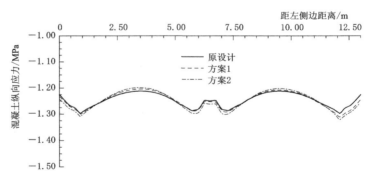

图 6.45　空槽状态下渡槽底板跨中下表面混凝土纵向应力

2. 渡槽横向应力

渡槽横向应力除横梁外，其余部位基本保持不变（图 6.46～图 6.49）。横梁部位由于荷载不变而刚度减小，相应应力随之增加（图 6.50、图 6.51）。

3. 渡槽变形

渡槽在空槽状态下均向上拱，随着横梁厚度减小，边墙和中墙竖向位移增加，边墙变化值大于中墙（图 6.52～图 6.54），横梁在各纵梁间协调变形的能力减弱。

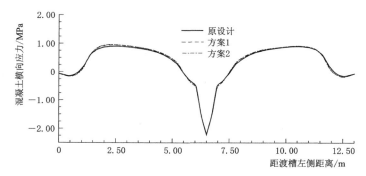

图 6.46 空槽状态下渡槽底板上表面距离张拉端 0.000m 混凝土横向应力

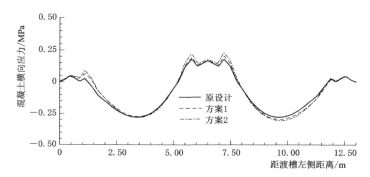

图 6.47 空槽状态下渡槽底板上表面距离张拉端 2.000m 混凝土横向应力

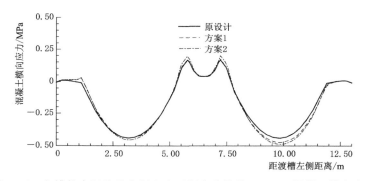

图 6.48 空槽状态下渡槽底板上表面距离张拉端 6.000m 混凝土横向应力

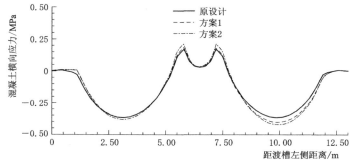

图 6.49 空槽状态下渡槽底板上表面距离张拉端 10.985m 混凝土横向应力

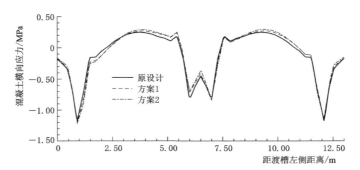

图 6.50　空槽状态下渡槽横梁 1 下表面中线混凝土横向应力

注　随横梁距离张拉端距离的增加，依次编号为横梁 1、2、3…

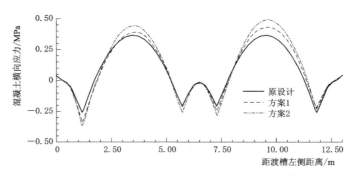

图 6.51　空槽状态下渡槽横梁 2 下表面中线混凝土横向应力

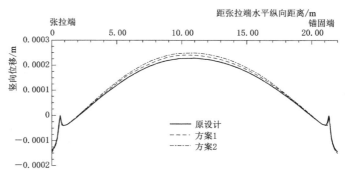

图 6.52　空槽状态下渡槽边墙 1 下表面竖向位移

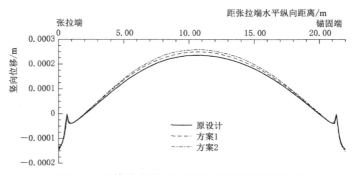

图 6.53　空槽状态下渡槽边墙 2 下表面竖向位移

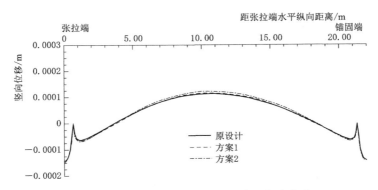

图 6.54 空槽状态下渡槽中墙下表面竖向位移

6.3.2 设计水位下麻黄沟排水渡槽三维有限元分析

设计水位状态荷载组合为设计水位水荷载＋自重＋预应力组合，为短期组合。

1. 渡槽纵向应力

排除渡槽预应力钢绞线锚固部位及支座位置局部区域应力集中，渡槽边墙和中墙随横梁厚度减小，混凝土纵向应力基本不变（图 6.55～图 6.60）。

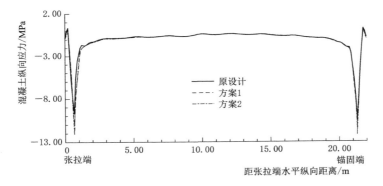

图 6.55 设计水位下渡槽边墙 1 下表面混凝土纵向应力

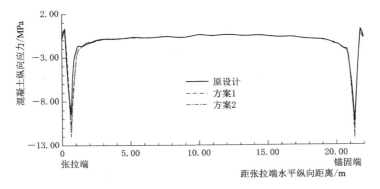

图 6.56 设计水位下渡槽边墙 2 下表面混凝土纵向应力

133

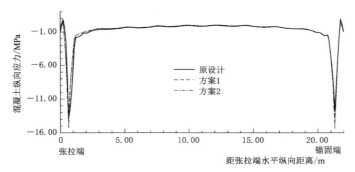

图 6.57　设计水位下渡槽中墙下表面混凝土纵向应力

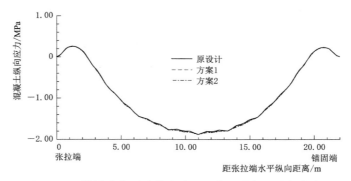

图 6.58　设计水位下渡槽边墙 1 上表面混凝土纵向应力

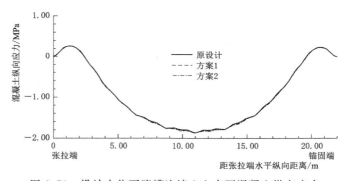

图 6.59　设计水位下渡槽边墙 2 上表面混凝土纵向应力

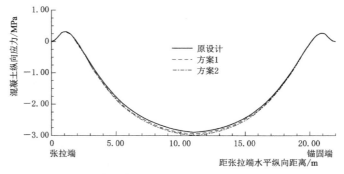

图 6.60　设计水位下渡槽中墙上表面混凝土纵向应力

渡槽底板跨中混凝土表面纵向压应力如图 6.61、图 6.62 所示，上表面混凝土纵向压应力值随着横梁厚度的减小有小幅度增加，相反下表面混凝土纵向压应力值逐步减小，差值很小，这种差异是由于对底板的约束相对变弱。

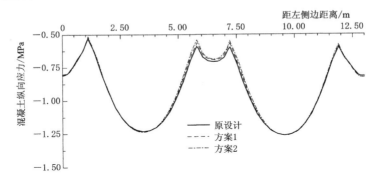

图 6.61　设计水位下渡槽底板跨中上表面混凝土纵向应力

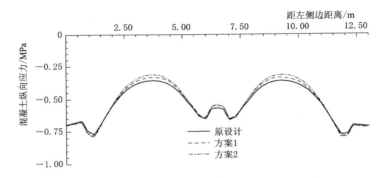

图 6.62　设计水位下麻槽底板跨中下表面混凝土纵向应力

2. 渡槽横向应力

随着横梁厚度减小，渡槽底板上表面混凝土横向压应力值相应增加（图 6.63～图 6.66），横梁下表面拉应力值也随之略有增加（图 6.67、图 6.68），与结构刚度减弱相对应。其余部位基本相同。

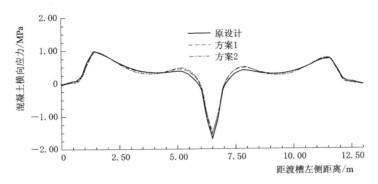

图 6.63　设计水位下渡槽底板上表面距离张拉端 0.000m 混凝土横向应力

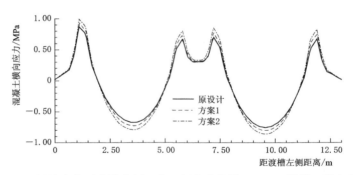

图 6.64　设计水位下渡槽底板上表面距离张拉端 2.000m 混凝土横向应力

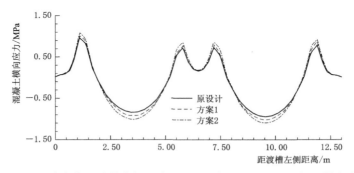

图 6.65　设计水位下渡槽底板上表面距离张拉端 6.000m 混凝土横向应力

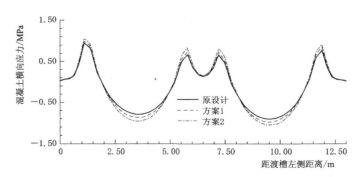

图 6.66　设计水位下渡槽底板上表面距离张拉端 10.985m 混凝土横向应力

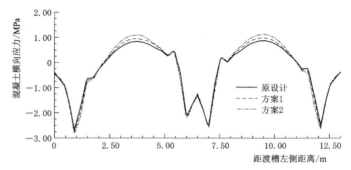

图 6.67　设计水位下渡槽横梁 1 下表面中线混凝土横向应力
注　随横梁距离张拉端距离的增加，依次编号为横梁 1、2、3……

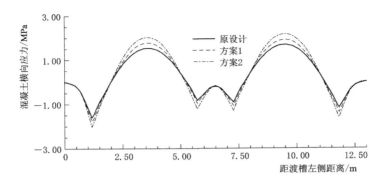

图 6.68　设计水位下渡槽横梁 2 下表面中线混凝土横向应力
注　随横梁距离张拉端距离的增加，依次编号为横梁 1、2、3…

3. 渡槽竖向应力

排除渡槽预应力钢绞线锚固部位及支座位置处的应力集中，渡槽竖墙竖向拉应力较小，在边墙内侧贴角上边缘，竖向应力值随着横梁厚度减小而增加，变化幅度较小（图 6.69~图 6.71），其余部分竖向应力基本相同。

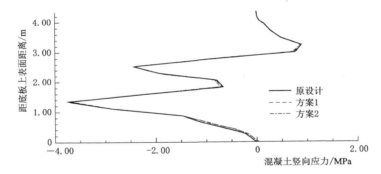

图 6.69　设计水位渡槽侧墙迎水面距张拉端 0.000m 混凝土竖向应力

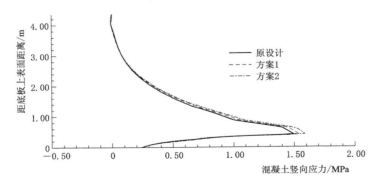

图 6.70　设计水位渡槽侧墙迎水面距张拉端 6.000m 混凝土竖向应力

4. 渡槽变形

渡槽在设计水位下整体下移，随着横梁厚度减小，边墙竖向位移值基本相同，中墙竖

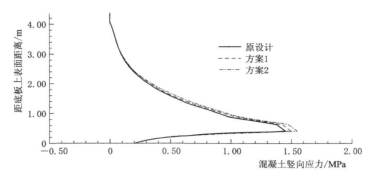

图 6.71　设计水位渡槽侧墙迎水面距张拉端 10.985m 混凝土竖向应力

向位移值有小幅度增加（图 6.72～图 6.74）。

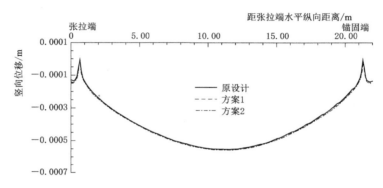

图 6.72　设计水位下渡槽边墙 1 下表面竖向位移

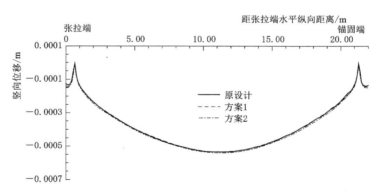

图 6.73　设计水位下渡槽边墙 2 下表面竖向位移

6.3.3　影响因素二小结

　　空槽状态下，尽管 3 个渡槽模型的横梁厚度不同，但边墙和中墙跨中下表面混凝土纵向压应力值基本保持不变；上表面混凝土纵向压应力值随横梁厚度减小略有减小，但其差值均在 0.05MPa 以内。渡槽底板混凝土随横梁厚度减小，底板实际跨度略有增加，则上表面混凝土纵向压应力值相应减小，下表面混凝土纵向压应力值相应增加，与四边固结板

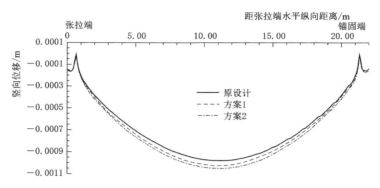

图 6.74 设计水位下渡槽中墙下表面竖向位移

随跨度增大内力分布的变化规律相对应。

空槽状态下渡槽横梁部位由于荷载不变而刚度减小,横向应力随之增加,对其余部位影响较小。

空槽状态下横梁间距对渡槽竖向应力的分布几乎无影响;空槽状态下随着横梁厚度减小,横梁在各纵梁间协调变形的能力减弱。

设计水位下渡槽边墙和中墙随横梁厚度减小,混凝土纵向应力基本不变。渡槽底板上表面混凝土纵向压应力值随着横梁厚度的减小有小幅度增加,相反下表面混凝土纵向压应力值逐步减小,差值很小,这种差异是由于对底板的约束相对变弱、实际跨度略有增加。

随着横梁厚度减小,渡槽底板上表面混凝土横向压应力值相应增加,横梁下表面拉应力值也随之略有增加,与结构刚度减弱相对应。其余部位基本相同。

设计水位下横梁间距对渡槽竖向应力的分布几乎无影响;随着横梁厚度减小,渡槽边墙竖向位移值基本相同,中墙竖向位移值有小幅度增加,由各纵梁间横梁的协调变形能力减弱所致。

有鉴于此,横梁宽度大小主要由其自身强度和限裂控制,增大或减小横梁厚度,对各纵梁协调变形有一定影响,并不显著。

6.4 麻黄沟排水渡槽优化设计

在保证结构安全性和适用性的前提下,预应力排水渡槽优化目标为:具有良好的经济性和方便的施工性。

在前期复核设计和三维有限元分析基础上,以麻黄沟排水渡槽为对象开展了结构优化设计。在总优化原则指导下,结合前述横梁对预应力排水渡槽的影响规律,首先减少横梁根数以降低施工的复杂性,经反复试算,将横梁根数由原先的 10 根降为 8 根、横梁间距由 2.3m 变为 2.5m、横梁宽度由 300mm 变为 350mm;其次根据竖墙承受水重与水压力的最小厚度,最终将边墙厚度由 500mm 变为 400mm,相应调整下部纵梁宽度由 900mm 变为 700mm;中墙厚度由 600mm 变为 450mm,相应调整下部纵梁宽度由 1000mm 变为 800mm。横梁高度由 700mm 变为 650mm,底板厚度由 400mm 变为 350mm;预应力钢筋用量边墙由 22 根变为 24 根 φ^j15.2 钢绞线，中墙保持 36 根 φ^j15.2 钢绞线不变，相关优化尺寸及调整见表 6.1 和图 6.75。

表 6.1　　　　　　　　　　排水渡槽优化设计方案与原方案参数对比表

项　目	原状态	整体调整方案
边墙厚度/mm	500	400
中墙厚度/mm	600	450
底板厚度/mm	400	350
横梁高度/mm	700	650
横梁根数	10	8
横梁间距	2297	2500
横梁宽度/mm	300	350
边、中墙底宽/mm	900、1000	700、800
自重/t	924.6	768.6
边墙预应力筋根数	22	24
中墙预应力筋根数	36	36

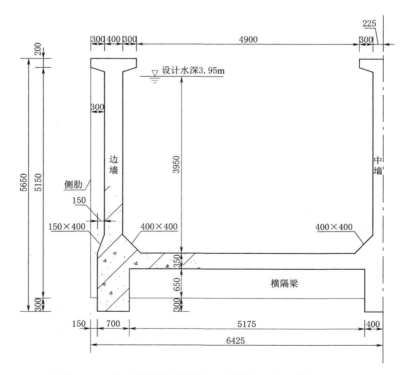

图 6.75　排水渡槽优化设计方案横断面图（单位：mm）

优化方案自重减轻 156t，约占原方案自重的 16.9%；预应力钢筋的用量增加 4 根 φ^j15.2 钢绞线，但预应力钢筋对结构整体造价影响较小，总体来讲，方案优化后，减小了施工难度，降低了工程造价，自重的减轻对结构抗震性能的提高也是非常有利的。

为明确优化设计方案的有效性，对优化方案进行了三维有限元分析。

6.4.1 麻黄沟排水渡槽优化方案三维有限元数值模型

为建立麻黄沟排水渡槽优化设计方案三维有限元数值模型，与原方案一样，考虑该渡槽约束形式为一端铰结、一端滚轴的简支结构体系，取一典型跨作为研究对象进行数值分析。

麻黄沟排水渡槽优化设计方案三维有限元数值模型如图 6.76 所示，其中 x、y、z 坐标轴分别对应渡槽的横向、竖向和纵向，数值模型共计 63793 个节点、49244 个单元。其中混凝土实体采用三维块体元 Solid45 模拟，共计单元 48544 个；预应力钢筋采用空间杆件元 Link8 模拟，共计单元 700 个，边墙预应力钢筋数值模型、中墙预应力钢筋数值模型如图 6.77 所示。

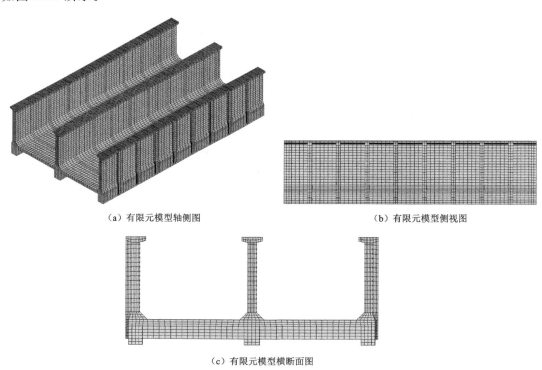

（a）有限元模型轴侧图　　　　　　　　（b）有限元模型侧视图

（c）有限元模型横断面图

图 6.76　排水渡槽优化方案三维有限元数值模型

预应力钢绞线与钢筋混凝土实体各自单独建模，考虑曲线预应力钢绞线对混凝土的作用，三维有限元模型真实模拟了预应力钢绞线的曲线形式。预应力钢绞线的单元节点与钢筋混凝土实体单元间通过约束方程法建立起相互作用的关系，即通过点（混凝土单元上的一个节点）点（预应力钢绞线上的一个节点）自由度耦合来实现的。该方法在考虑曲线预应力钢筋对混凝土作用的同时，还能考虑预应力钢筋在外荷载作用下的应力增量，可较为真实准确地求得结构细部的受力反应。麻黄沟排水渡槽预应力钢绞线和实体混凝土单元节

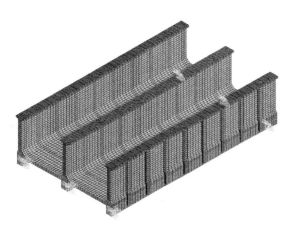

（a）边墙预应力钢筋数值模型

（b）中墙预应力钢筋数值模型

图 6.77　排水渡槽优化方案竖墙预应力钢筋数值模型

注　图中线条为钢筋数值模型。

点之间通过约束方程建立节点耦合，共计 2142 组约束方程。

　　进行有限元分析时，预应力钢绞线对混凝土的作用采用降温法通过专用程序施加。

考虑普通钢筋对结构刚度的影响，混凝土单元采用均化的钢筋混凝土折算弹性模量。

　　根据麻黄沟排水渡槽结构的受力特点，三维有限元数值模型在一端端部下表面支座位置处为滚轴约束，即受竖直方向约束；在另一端端部下表面支座位置处为铰结约束，即承受竖直方向和渡槽纵向方向的约束；为约束渡槽整体结构在水平面内垂直渡槽水流方向的位移，使结构处于静定状态，在渡槽两端各支座处均施加水平方向的侧移约束。共计节点约束 75 个，如图 6.78 所示。

图 6.78　排水渡槽优化方案数值模型约束示意

6.4.2　空槽状态下麻黄沟排水渡槽优化方案三维有限元数值分析

　　空槽状态下的荷载组合为自重＋风荷载＋预应力的组合，为长期组合。

　　1. 麻黄沟排水渡槽纵向应力

　　排除渡槽预应力钢绞线锚固部位及支座位置局部区域应力集中的情况，渡槽边墙和中墙下表面混凝土均处于纵向受压状态（图 6.79），边墙跨中下表面混凝土纵向压应力最大值为 -1.44MPa，最小值为 -1.38MPa，平均值为 -1.42MPa，边墙跨中下表面混凝土纵向压应力外侧略大于内侧；中墙跨中下表面混凝土纵向压应力最大值为 -1.46MPa，最小值为 -1.44MPa，平均值为 -1.45MPa；边墙纵向压应力略小于中墙；边墙和中墙下表面混凝土纵向压应力沿水流方向变化不大；在支座附近局部混凝土均存在纵向拉应力的应力集中现象（图 6.80）。

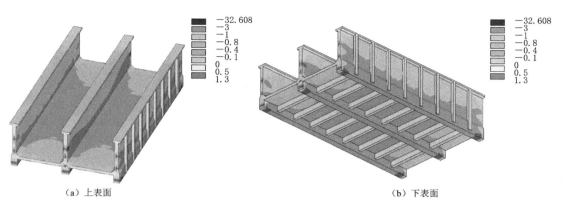

（a）上表面　　　　　　　　　　　　　　（b）下表面

图 6.79　空槽状态下排水渡槽优化方案纵向应力（单位：MPa）

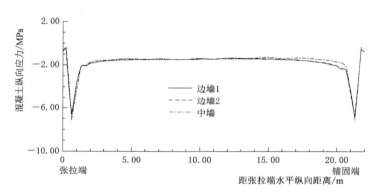

图 6.80　空槽状态下排水渡槽优化方案纵梁下表面混凝土纵向应力

渡槽边墙和中墙上表面混凝土两端小区域存在纵向拉应力（图 6.79），边墙上表面混凝土纵向拉应力最大值为 0.29MPa，中墙上表面混凝土纵向拉应力最大值为 0.38MPa；边墙跨中上表面混凝土纵向压应力最大值为 -0.35MPa，最小值为 -0.26MPa，平均值为 -0.31MPa，边墙跨中上表面混凝土纵向压应力外侧略小于内侧；中墙跨中上表面混凝土纵向压应力最大值为 -0.52MPa，最小值为 -0.51MPa，平均值为 -0.51MPa（图 6.81）。

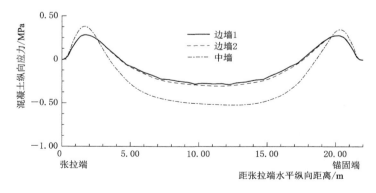

图 6.81　空槽状态下排水渡槽优化方案纵梁上表面混凝土纵向应力

渡槽底板跨中上、下表面混凝土纵向应力如图 6.82 所示，上表面约为－1.27MPa，下表面约为－1.30MPa，上下表面相差不大。总体来讲，底板跨中上、下表面混凝土纵向应力均匀，同一高度纵向压应力数值变化不大，说明在空槽状态下边墙和中墙计算时，底板按跨中上表面到下表面的距离确定计算长度是合理的。

排除应力集中的情况，其余部位混凝土纵向拉应力最大不超过 0.50MPa。

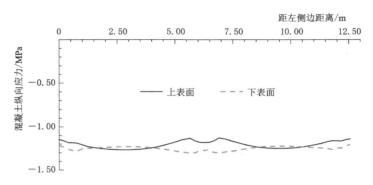

图 6.82　空槽状态下排水渡槽优化方案底板跨中上、下表面混凝土纵向应力

2. 麻黄沟排水渡槽横向应力

排除渡槽预应力钢绞线锚固部位及支座位置处应力集中的情况，渡槽边墙和中墙混凝土横向拉、压应力数值均较小；渡槽支座端约束较弱，各槽底板混凝土在支座断面均有横向拉应力存在，且上表面要大于下表面，底板混凝土上表面横向拉应力在支座断面处最大值为 0.11MPa；随着与渡槽张拉端和锚固端距离的增加，底板混凝土上表面横向拉应力迅速减小并趋于稳定，稳定后混凝土横向压应力数值很小，最大横向压应力为－0.49MPa，且随着与渡槽两端距离的增加，底板同一纵向混凝土横向拉、压应力基本保持不变（图6.83、图 6.84）。

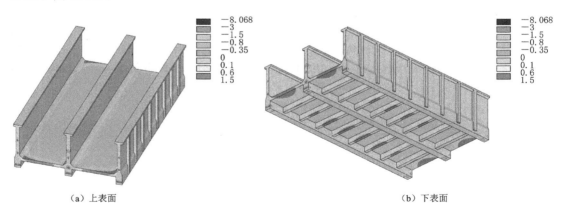

（a）上表面　　　　　　　　　　　　　　（b）下表面

图 6.83　空槽状态下排水渡槽优化方案横向应力（单位：MPa）

横梁下表面混凝土在各槽跨中区域存在较大横向拉应力，最大值为 0.87MPa；横梁1～横梁 4 应力变化较小且逐渐增大（图 6.85），由于横梁高度相同，与端部距离逐渐增加。

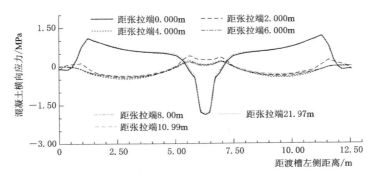

图 6.84 空槽状态下排水渡槽优化方案底板上表面混凝土横向应力

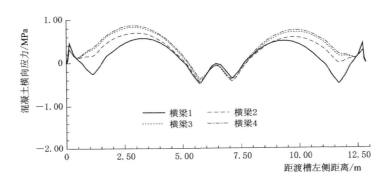

图 6.85 空槽状态下排水渡槽优化方案横梁下表面中线混凝土横向应力

注 随横梁距离张拉端距离的增加，依次编号为横梁 1～横梁 8，考虑近似对称，故取半。

3. 麻黄沟排水渡槽竖向应力

排除渡槽预应力钢绞线锚固部位及支座位置处应力集中的情况，渡槽竖墙竖向拉应力很小，均不超过 0.6MPa（图 6.86）。

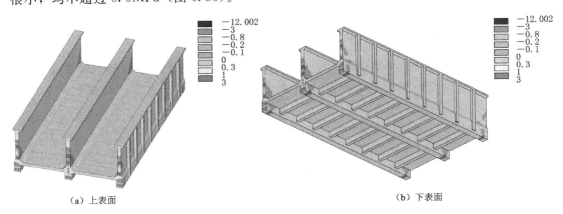

（a）上表面　　　　　　　　　　　　　　　　　　　　（b）下表面

图 6.86 空槽状态下排水渡槽优化方案竖向应力（单位：MPa）

4. 麻黄沟排水渡槽变形

渡槽在空槽状态下最大竖向位移发生在中墙顶部，由于预应力的作用渡槽跨中均向上

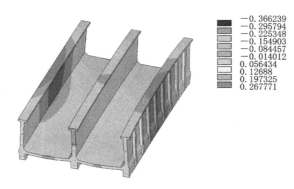

图 6.87　空槽状态下排水渡槽优化方案竖向位移
（单位：mm；形变比例 1∶1000）

拱，其最大竖向位移为 0.27mm（向上）（图 6.87）。渡槽竖墙下表面中线沿水流方向竖向位移如图 6.88 所示，边墙要略小于中墙。

5. 空槽状态下麻黄沟排水渡槽三维有限元数值分析结果

排除渡槽预应力钢筋锚固部位及支座位置小区域范围的应力集中外，渡槽结构应力和变形均满足设计要求。底板跨中上、下表面混凝土纵向应力均匀，同一高度纵向压应力数值变化不大，空槽状态下边墙和中墙底板按跨中上表面

到下表面的距离确定计算长度是较为合理的。局部应力集中可通过适当的构造措施予以控制或减弱。

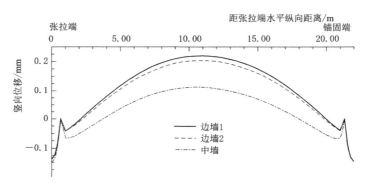

图 6.88　空槽状态下排水渡槽优化方案纵梁下表面竖向位移

6.4.3　设计水深麻黄沟排水渡槽优化方案三维有限元数值分析

设计水位下麻黄沟排水渡槽的荷载组合为自重＋风荷载＋预应力＋设计水深的组合，为短期荷载效应组合，为充分考虑预应力排水渡槽的安全性，亦将该荷载组合作为作用（荷载）效应长期组合考虑。

1. 麻黄沟排水渡槽纵向应力

排除渡槽预应力钢绞线锚固部位及支座位置局部区域应力集中的情况，边墙跨中下表面混凝土纵向压应力最大值为 −0.12MPa，最小值为 −0.01MPa，平均值为 −0.07MPa，边墙跨中下表面混凝土纵向压应力外侧略大于内侧；中墙跨中下表面混凝土纵向拉应力最大值为 0.27MPa，最小值为 0.26MPa，平均值为 0.26MPa；边墙纵向压应力略小于中墙；在支座附近局部混凝土均存在纵向拉应力的应力集中现象（图 6.89、图 6.90）。

渡槽边墙和中墙上表面混凝土两端小区域存在纵向拉应力（图 6.89），边墙上表面混凝土纵向拉应力最大值为 0.18MPa，中墙上表面混凝土纵向拉应力最大值为 0.24MPa；

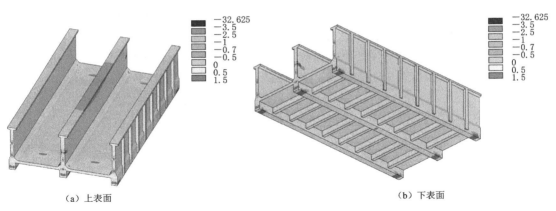

（a）上表面　　　　　　　　　　　（b）下表面

图 6.89　设计水位下排水渡槽优化方案纵向应力（单位：MPa）

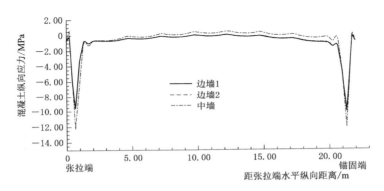

图 6.90　设计水位下排水渡槽优化方案纵梁下表面混凝土纵向应力

边墙跨中上表面混凝土纵向压应力最大值为－2.52MPa，最小值为－2.08MPa，平均值为－2.30MPa，边墙跨中上表面混凝土纵向压应力外侧略小于内侧；中墙跨中上表面混凝土纵向压应力最大值为－3.47MPa，最小值为－3.46MPa，平均值为－3.47MPa（图 6.91）。

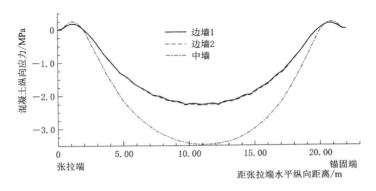

图 6.91　设计水位下排水渡槽优化方案纵梁上表面混凝土纵向应力

　　渡槽底板跨中上、下表面混凝土纵向压应力如图 6.92 所示，底板跨中位置无横梁，在外水荷载共同作用下，每槽跨中上表面纵向压应力最大值为－1.33MPa，下表面最小值

147

为－0.58MPa，上表面大于下表面；下部对应有横梁的底板混凝土纵向应力分布则比较均匀。总体来讲，底板跨中上、下表面混凝土纵向应力排除外水荷载共同作用下对四边固结板纵向应力的影响，同一高度处纵向压应力数值变化不大（图6.89），设计水位进行边墙和中墙计算时，底板按跨中上表面到下表面的距离确定计算长度是较为合理的。

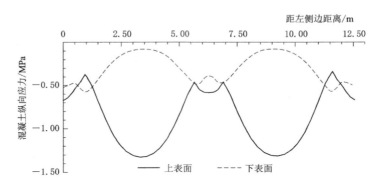

图6.92　设计水位下排水渡槽优化方案底板跨中上、下表面混凝土纵向应力

排除应力集中的情况，其余部位混凝土纵向拉应力最大不超过1.00MPa。

2. 麻黄沟排水渡槽横向应力

排除渡槽预应力钢绞线锚固部位及支座位置处应力集中的情况，渡槽边墙和中墙混凝土横向拉、压应力数值较均匀；渡槽支座端约束较弱，底板上表面混凝土最大横向压应力值为－1.18MPa；随着与渡槽张拉端和锚固端距离的增加，底板混凝土上表面横向拉应力迅速减小并趋于一横向压应力状态，稳定后混凝土最大横向压应力为－1.09MPa，且随着与渡槽两端距离的增加，底板同一纵向混凝土横向拉、压应力基本保持不变（图6.93、图6.94）。

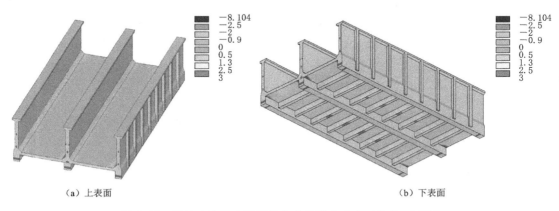

（a）上表面 　　　　　　　　　　　　　　　　　（b）下表面

图6.93　设计水位排水渡槽优化方案横向应力（单位：MPa）

横梁下表面混凝土在各槽跨中区域存在较大横向拉应力，最大值为2.72MPa；横梁1～横梁4应力变化较小且逐渐增大（图6.95），由于横梁高度相同，与端部距离逐渐增加。

3. 麻黄沟排水渡槽竖向应力

排除渡槽预应力钢绞线锚固部位及支座位置处应力集中的情况，渡槽竖墙竖向拉应力

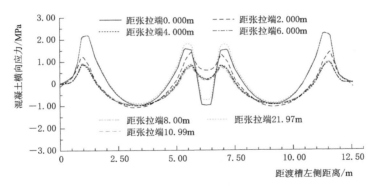

图 6.94 设计水位排水渡槽优化方案底板上表面混凝土横向应力

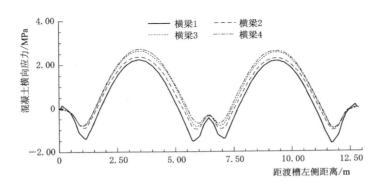

图 6.95 设计水位排水渡槽优化方案横梁下表面中线混凝土横向应力

注 随横梁距离张拉端距离的增加，依次编号为横梁 1～横梁 8，考虑近似对称，故取半。

很小，均不超过 2.01MPa（图 6.96、图 6.97）。

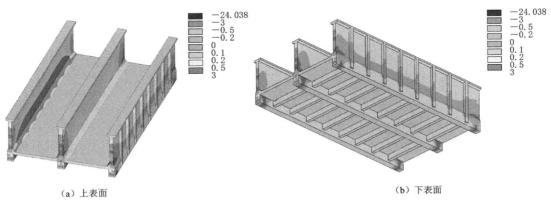

（a）上表面 　　　　　　　　　　　　　　　（b）下表面

图 6.96 设计水位排水渡槽优化方案竖向应力（单位：MPa）

4. 麻黄沟排水渡槽变形

渡槽在设计水位下最大竖向位移发生在中墙底部，其最大竖向位移为 −1.54mm（向下）（图 6.98）。渡槽竖墙下表面中线沿水流方向竖向位移如图 6.99 所示，边墙要略小于中墙。

149

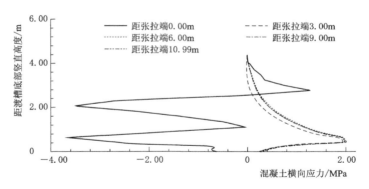

图 6.97　设计水位排水渡槽优化方案侧墙迎水面混凝土横向应力

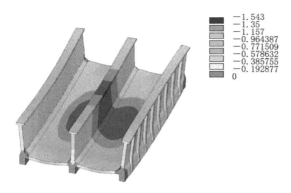

图 6.98　设计水位下排水渡槽优化方案竖向位移
（单位：mm；形变比例 1∶500）

5. 设计水位下麻黄沟排水渡槽三维有限元数值分析结果

排除渡槽预应力钢筋锚固部位及支座位置小区域范围的应力集中外，渡槽结构应力和变形均满足设计要求。局部应力集中可通过适当的构造措施予以控制或减弱。

6.4.4　满槽水深麻黄沟排水渡槽优化方案三维有限元数值分析

满槽状态的荷载组合为满槽水荷载＋自重＋预应力组合，为短期组合。

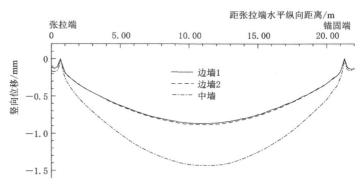

图 6.99　设计水位下排水渡槽优化方案纵梁下表面竖向位移

1. 麻黄沟排水渡槽纵向应力

排除渡槽预应力钢绞线锚固部位及支座位置局部区域应力集中的情况，渡槽边墙和中墙下表面混凝土基本处于纵向受压状态（图 6.100），边墙跨中下表面混凝土纵向压应力最大值为 －0.02MPa，拉应力最大值为 0.18MPa，平均值为 0.07MPa，边墙跨中下表面混凝土纵向压应力外侧略大于内侧；中墙跨中下表面混凝土纵向拉应力最大值为

0.38MPa，最小值为 0.36MPa，平均值为 0.37MPa；边墙纵向压应力略小于中墙；边墙和中墙下表面混凝土纵向压应力沿水流方向变化不大；在支座附近局部混凝土均存在纵向拉压应力的应力集中现象（图 6.101）。

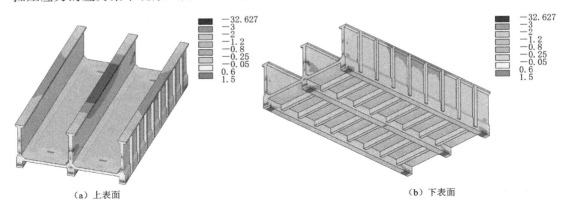

（a）上表面　　　　　　　　　　　　　　　　　　（b）下表面

图 6.100　满槽状态排水渡槽优化方案纵向应力（单位：MPa）

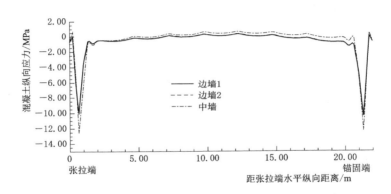

图 6.101　满槽状态下排水渡槽优化方案纵梁下表面混凝土纵向应力

渡槽边墙和中墙上表面混凝土两端小区域存在纵向拉应力（图 6.100），边墙上表面混凝土纵向拉应力最大值为 0.17MPa，中墙上表面混凝土纵向拉应力最大值为 0.24MPa；边墙跨中上表面混凝土纵向压应力最大值为 −2.77MPa，最小值为 −2.36MPa，平均值为 −2.57MPa，边墙跨中上表面混凝土纵向压应力外侧略小于内侧；中墙跨中上表面混凝土纵向压应力最大值为 −3.63MPa，最小值为 −3.62MPa，平均值为 −3.62MPa（图 6.102）。

渡槽底板跨中上、下表面混凝土纵向应力如图 6.103 所示，底板跨中位置无横梁，在外水荷载共同作用下，每槽跨中上表面纵向压应力最大值为 −1.31MPa，下表面最小值为 −0.54MPa，上表面大于下表面，下部对应有横梁的底板混凝土纵向应力分布则比较均匀。总体来讲，底板跨中上、下表面混凝土纵向应力排除外水荷载共同作用下对四边固结板纵向应力的影响，同一高度处纵向压应力数值变化不大，满槽状态下进行边墙和中墙计算时，底板按跨中上表面到下表面的距离确定计算长度是较为合理的。

排除应力集中的情况，其余部位混凝土纵向拉应力最大不超过 1.00MPa。

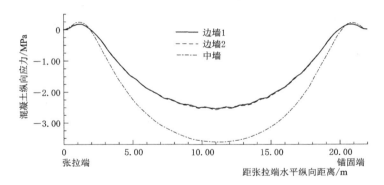

图 6.102　满槽状态下排水渡槽优化方案纵梁上表面混凝土纵向应力

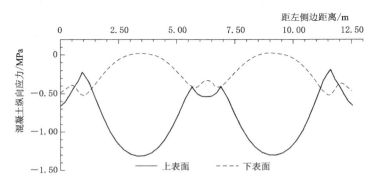

图 6.103　满槽状态下排水渡槽优化方案底板跨中上、下表面混凝土纵向应力

2. 麻黄沟排水渡槽横向应力

排除渡槽预应力钢绞线锚固部位及支座位置处应力集中的情况，渡槽边墙和中墙混凝土横向拉、压应力数值均较小；渡槽支座端约束较弱，底板上表面最大横向压应力值为－1.20MPa；随着与渡槽张拉端和锚固端距离的增加，底板混凝土上表面横向拉应力迅速减小并趋于一横向压应力状态，稳定后混凝土最大横向压应力为－1.12MPa，且随着与渡槽两端距离的增加，底板同一纵向混凝土横向拉、压应力基本保持不变（图 6.104、图 6.105）。

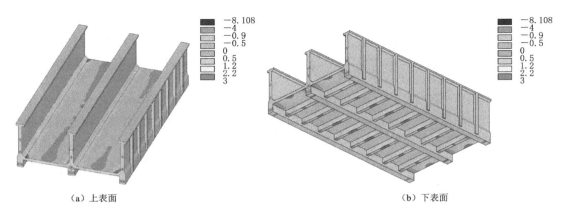

（a）上表面　　　　　　　　　　　　　　（b）下表面

图 6.104　满槽状态排水渡槽优化方案横向应力（单位：MPa）

152

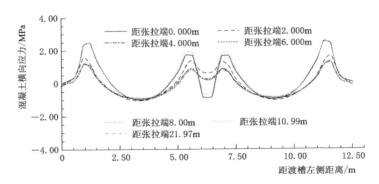

图 6.105 满槽状态排水渡槽优化方案底板上表面混凝土横向应力

横梁下表面混凝土在各槽跨中区域存在较大横向拉应力，最大值为 2.67MPa；横梁 1～横梁 4 应力变化较小且逐渐增大（图 6.106），由于横梁高度相同，与端部距离逐渐增加。

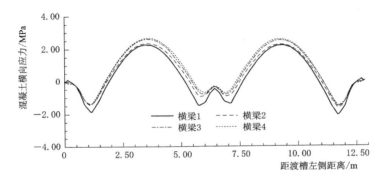

图 6.106 满槽状态排水渡槽优化方案横梁下表面中线混凝土横向应力

注 随横梁距离张拉端距离的增加，依次编号为横梁 1～横梁 8，考虑近似对称，故取半。

3. 麻黄沟排水渡槽竖向应力

排除渡槽预应力钢绞线锚固部位及支座位置处应力集中的情况，渡槽竖墙竖向拉应力很小，均不超过 2.64MPa（图 6.107、图 6.108）。

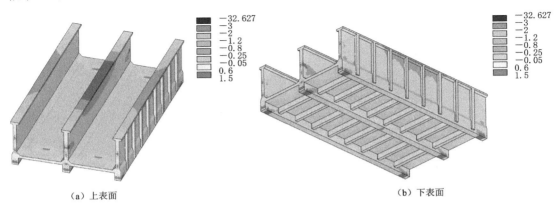

（a）上表面　　　　　　　　　　（b）下表面

图 6.107 满槽状态排水渡槽优化方案竖向应力（单位：MPa）

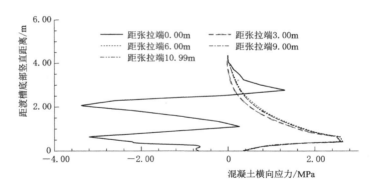

图 6.108 满槽状态排水渡槽优化方案侧墙迎水面混凝土横向应力

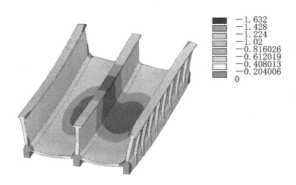

图 6.109 满槽状态下排水渡槽优化方案竖向位移
（单位：mm；形变比例 1:500）

4. 麻黄沟排水渡槽变形

渡槽在满槽状态下最大竖向位移发生在中墙底部，其最大竖向位移为 -1.63mm（向下）（图 6.109）。渡槽各竖墙下表面中线沿水流方向竖向位移如图 6.110 所示，边墙要略小于中墙。

5. 满槽状态下麻黄沟排水渡槽优化方案三维有限元数值分析结果

排除渡槽预应力钢筋锚固部位及支座位置小区域范围的应力集中外，渡槽结构应力和变形均满足设计要求。局部应力集中可通过适当的构造措施予以控制或减弱。

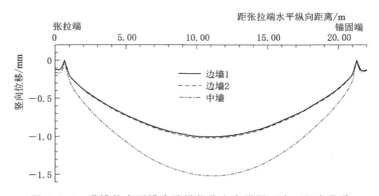

图 6.110 满槽状态下排水渡槽优化方案纵梁下表面竖向位移

6.4.5 麻黄沟排水渡槽优化方案预应力钢筋张拉施工顺序

麻黄沟排水渡槽优化方案预应力钢筋布置如图 6.111 所示。

根据交错布置、对称张拉的原则，按照先边墙后中墙、先下部后上部的方式确定预应

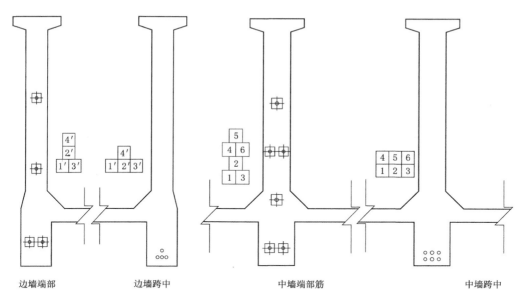

边墙端部　　　　　边墙跨中　　　　　　　　中墙端部筋　　　　　　　中墙跨中

图 6.111　排水渡槽优化方案预应力钢筋位置（图中编号为钢束号）

力钢筋张拉施工顺序如下。

　　（1）施工阶段 1：对称张拉边墙钢束 1、3 和中墙钢束 1、3。

　　（2）施工阶段 2：对称张拉边墙钢束 2 和中墙钢束 2。

　　（3）施工阶段 3：对称张拉边墙钢束 4 和中墙钢束 4、6。

6.4.6　施工阶段 1 麻黄沟排水渡槽优化方案三维有限元数值分析

1. 麻黄沟排水渡槽纵向应力

　　排除渡槽预应力钢绞线锚固部位及支座位置局部区域应力集中的情况，渡槽边墙跨中下表面混凝土纵向压应力最大值为 $-0.02\mathrm{MPa}$，拉应力值为 $0.03\mathrm{MPa}$，平均值为 $0.00\mathrm{MPa}$，边墙跨中下表面混凝土纵向压应力外侧略大于内侧；中墙跨中下表面混凝土纵向应力最大值为 $0.24\mathrm{MPa}$，最小值为 $0.23\mathrm{MPa}$，平均值为 $0.24\mathrm{MPa}$；边墙和中墙下表面混凝土纵向压应力沿水流方向变化不大；在支座附近局部混凝土均存在纵向拉应力的应力集中现象（图 6.112、图 6.113）。

　　渡槽边墙和中墙上表面混凝土两端小区域存在纵向拉应力（图 6.112），边墙上表面混凝土纵向拉应力最大值为 $0.05\mathrm{MPa}$，中墙上表面混凝土纵向拉应力最大值为 $0.03\mathrm{MPa}$；边墙跨中上表面混凝土纵向压应力最大值为 $-1.14\mathrm{MPa}$，最小值为 $-0.94\mathrm{MPa}$，平均值为 $-1.04\mathrm{MPa}$，边墙跨中上表面混凝土纵向压应力外侧略小于内侧；中墙跨中上表面混凝土纵向压应力最大值为 $-1.48\mathrm{MPa}$，最小值为 $-1.48\mathrm{MPa}$，平均值为 $-1.48\mathrm{MPa}$（图 6.114）。

　　渡槽底板跨中上、下表面混凝土纵向应力如图 6.115 所示，上表面最大纵向压应力约为 $-0.50\mathrm{MPa}$，下表面约为 $-0.27\mathrm{MPa}$，上表面要大于下表面。

　　排除应力集中的情况，其余部位混凝土纵向拉应力最大不超过 $0.40\mathrm{MPa}$。

155

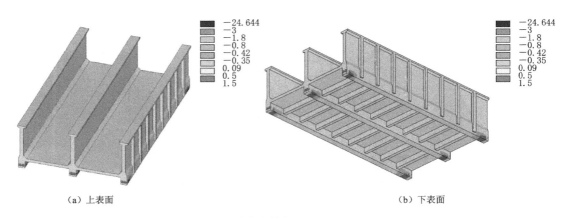

（a）上表面   （b）下表面

图 6.112　施工阶段 1 排水渡槽优化方案纵向应力（单位：MPa）

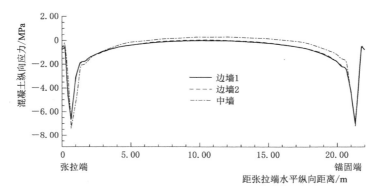

图 6.113　施工阶段 1 排水渡槽优化方案纵梁下表面混凝土纵向应力

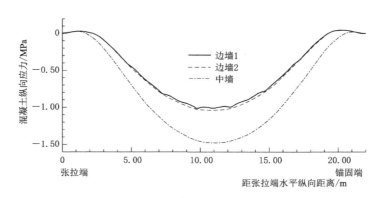

图 6.114　施工阶段 1 排水渡槽优化方案纵梁上表面混凝土纵向应力

2. 麻黄沟排水渡槽横向应力

排除渡槽预应力钢绞线锚固部位及支座位置处应力集中的情况，渡槽边墙和中墙混凝土横向拉、压应力数值均较小；渡槽支座端约束较弱，各槽底板混凝土在支座断面均有横向拉应力存在，底板混凝土上表面横向应力在支座断面处为 -0.17MPa；随着与渡槽张拉

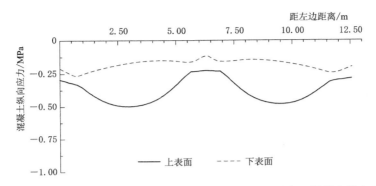

图 6.115　施工阶段 1 排水渡槽优化方案底板跨中上、下表面混凝土纵向应力

端和锚固端距离的增加，底板混凝土上表面横向压应力迅速增加并趋于稳定，稳定后最大横向压应力为 −0.45MPa，且随着与渡槽两端距离的增加，底板同一纵向混凝土横向压应力基本保持不变（图 6.116、图 6.117）。

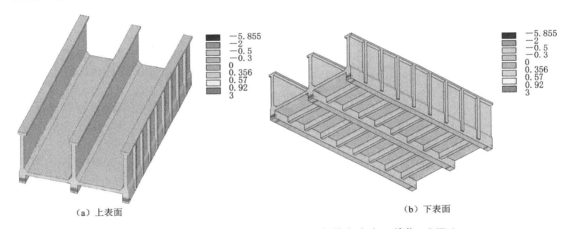

（a）上表面　　　　　　　　　　　　　　　　　（b）下表面

图 6.116　施工阶段 1 排水渡槽优化方案横向应力（单位：MPa）

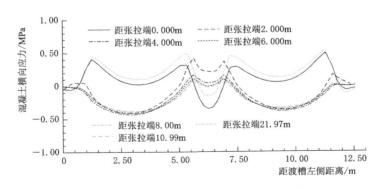

图 6.117　施工阶段 1 排水渡槽优化方案底板上表面混凝土横向应力

横梁下表面混凝土在各槽跨中区域存在较大横向拉应力，最大值为 0.92MPa；横梁 1～横梁 4 应力变化较小且逐渐增大（图 6.118），由于横梁高度相同，与端部距离逐渐增加。

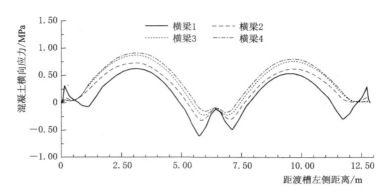

图 6.118　施工阶段 1 排水渡槽优化方案横梁下表面中线混凝土横向应力

注　随横梁距离张拉端距离的增加，依次编号为横梁 1~横梁 8，考虑近似对称，故取半。

排除渡槽预应力钢绞线锚固部位及支座位置处应力集中的情况，渡槽竖墙竖向拉应力很小，均不超过 0.5MPa（图 6.119）。

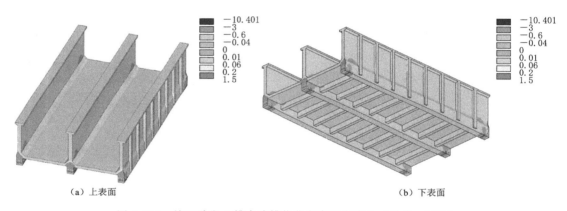

（a）上表面　　　　　　　　　　　　　　　　　（b）下表面

图 6.119　施工阶段 1 排水渡槽优化方案竖向应力（单位：MPa）

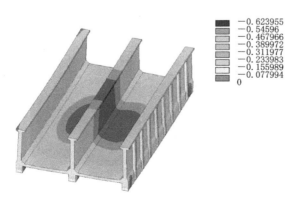

图 6.120　施工阶段 1 排水渡槽优化方案竖向位移
（单位：mm；形变比例 1：500）

3. 麻黄沟排水渡槽变形

渡槽最大竖向位移发生在中墙顶部，由于预应力和自重共同作用渡槽跨中最大竖向位移为 0.62mm（向下）（图 6.120）。渡槽竖墙下表面中线沿水流方向竖向位移如图 6.121 所示，边墙小于中墙。

4. 施工阶段 1 状态下麻黄沟渡槽三维有限元数值分析结果

排除渡槽预应力钢筋锚固部位及支座位置小区域范围的应力集中外，渡槽结构应力和变形均满足设计要求。局部应力集中可通过适当的构造措施予以控制或减弱。

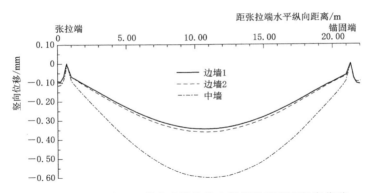

图 6.121 施工阶段 1 排水渡槽优化方案纵梁下表面竖向位移

6.4.7 施工阶段 2 麻黄沟排水渡槽三维有限元数值分析

1. 麻黄沟排水渡槽纵向应力

排除渡槽预应力钢绞线锚固部位及支座位置局部区域应力集中的情况，渡槽边墙和中墙下表面混凝土均处于纵向受压状态（图 6.122），边墙跨中下表面混凝土纵向压应力最大值为 -0.67MPa，最小值为 -0.62MPa，平均值为 -0.65MPa，边墙跨中下表面混凝土纵向压应力外侧略大于内侧；中墙跨中下表面混凝土纵向应力最大值为 -0.30MPa，最小值为 -0.29MPa，平均值为 -0.30MPa；边墙和中墙下表面混凝土纵向压应力沿水流方向变化不大；在支座附近局部混凝土均存在纵向拉应力的应力集中现象（图 6.123）。

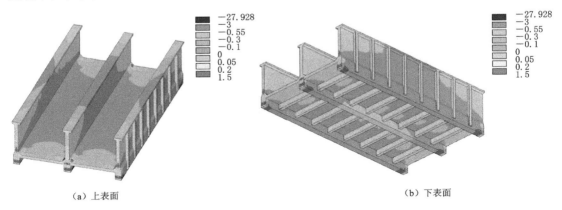

（a）上表面   （b）下表面

图 6.122 施工阶段 2 排水渡槽优化方案纵向应力（单位：MPa）

渡槽边墙和中墙上表面混凝土两端小区域存在纵向拉应力（图 6.122），边墙上表面混凝土纵向拉应力最大值为 0.14MPa，中墙上表面混凝土纵向拉应力最大值为 0.06MPa；边墙跨中上表面混凝土纵向压应力最大值为 -0.79MPa，最小值为 -0.58MPa，平均值为 -0.69MPa，边墙跨中上表面混凝土纵向压应力外侧略小于内侧；中墙跨中上表面混凝土纵向压应力最大值为 -1.14MPa，最小值为 -0.67MPa，平均值为 -0.90MPa（图 6.124）。

渡槽底板跨中混凝土上、下表面纵向应力最大值如图 6.125 所示，上表面约为

159

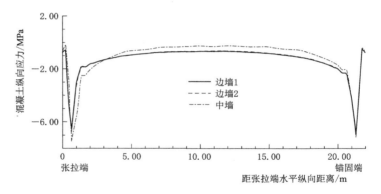

图 6.123　施工阶段 2 排水渡槽优化方案纵梁下表面混凝土纵向应力

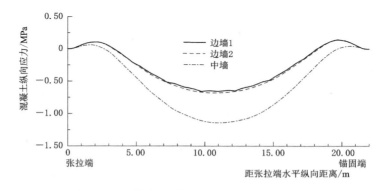

图 6.124　施工阶段 2 排水渡槽优化方案纵梁上表面混凝土纵向应力

－0.82MPa，下表面约为－0.73MPa，上表面要大于下表面。

　　排除应力集中的情况，其余部位混凝土纵向拉应力最大不超过 0.40MPa。

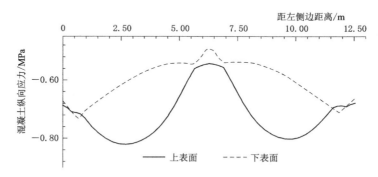

图 6.125　施工阶段 2 排水渡槽优化方案底板跨中上、下表面混凝土纵向应力

2. 麻黄沟排水渡槽横向应力

　　排除渡槽预应力钢绞线锚固部位及支座位置处应力集中的情况，渡槽边墙和中墙混凝土横向拉、压应力数值均较小；渡槽支座端约束较弱，各槽底板混凝土在支座断面均有横向拉应力存在，且上表面要大于下表面，底板混凝土上表面横向应力在支座断面处为0.07MPa；随着与渡槽张拉端和锚固端距离的增加，底板混凝土上表面横向压应力迅速增

加并趋于稳定,稳定后最大横向压应力为－0.50MPa,且随着与渡槽两端距离的增加,底板同一纵向混凝土横向压应力基本保持不变(图6.126、图6.127)。

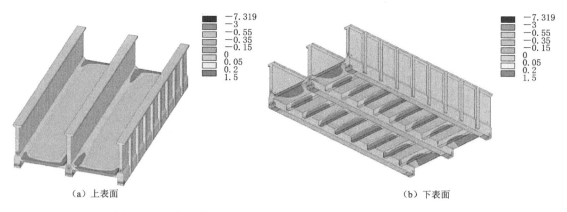

(a)上表面　　　　　　　　　　　　　(b)下表面

图6.126　施工阶段2排水渡槽优化方案横向应力(单位:MPa)

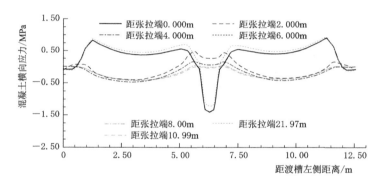

图6.127　施工阶段2排水渡槽优化方案底板上表面混凝土横向应力

横梁下表面混凝土在各槽跨中区域存在较大横向拉应力,最大值为0.94MPa;横梁1~横梁4应力变化较小且逐渐增大(图6.128),由于横梁高度相同,与端部距离逐渐增加。

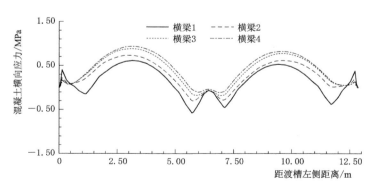

图6.128　施工阶段2排水渡槽优化方案横梁下表面中线混凝土横向应力

注　随横梁距离张拉端距离的增加,依次编号为横梁1~横梁8,考虑近似对称,故取半。

3. 麻黄沟排水渡槽竖向应力

排除渡槽预应力钢绞线锚固部位及支座位置处应力集中的情况，渡槽竖墙竖向拉应力很小，均不超过 0.5MPa（图 6.129）。

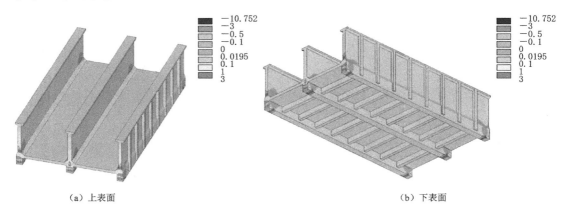

（a）上表面　　　　　　　　　　　　　　（b）下表面

图 6.129　施工阶段 2 排水渡槽优化方案竖向应力（单位：MPa）

4. 麻黄沟排水渡槽变形

渡槽在空槽状态下最大竖向位移发生在中墙顶部，由于预应力和自重共同作用渡槽跨中最大竖向位移为 0.37mm（向下）（图 6.130）。渡槽竖墙下表面中线沿水流方向竖向位移如图 6.131 所示，边墙小于中墙。

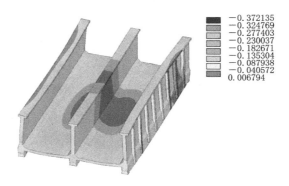

图 6.130　施工阶段 2 排水渡槽优化方案竖向位移（单位：mm；形变比例 1∶1000）

5. 施工阶段 2 状态下渡槽优化方案三维有限元数值分析结果

排除渡槽预应力钢筋锚固部位及支座位置小区域范围的应力集中的情况，渡槽结构应力和变形均满足设计要求。局部应力集中可通过适当的构造措施予以控制或减弱。

6.4.8　施工阶段 3 麻黄沟排水渡槽优化方案三维有限元数值分析

1. 麻黄沟排水渡槽纵向应力

排除渡槽预应力钢绞线锚固部位及支座位置局部区域应力集中的情况，渡槽边墙和中墙下表面混凝土均处于纵向受压状态（图 6.132），边墙跨中下表面混凝土纵向压应力最大值为 −1.35MPa，最小值为 −1.28MPa，平均值为 −1.32MPa，边墙跨中下表面混凝土

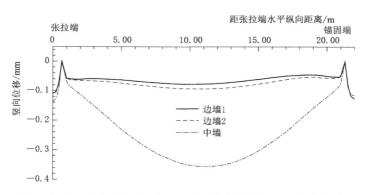

图 6.131 施工阶段 2 排水渡槽优化方案纵梁下表面竖向位移

纵向压应力外侧略大于内侧；中墙跨中下表面混凝土纵向应力最大值为 -1.13MPa，最小值为 -1.12MPa，平均值为 -1.13MPa；边墙和中墙下表面混凝土纵向压应力沿水流方向变化不大；在支座附近局部混凝土均存在纵向拉应力的应力集中现象（图 6.133）。

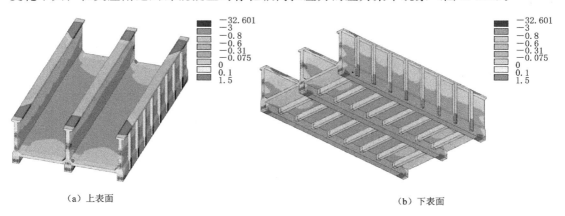

（a）上表面　　　　　　　　　　　　　　　　（b）下表面

图 6.132 施工阶段 3 排水渡槽优化方案纵向应力（单位：MPa）

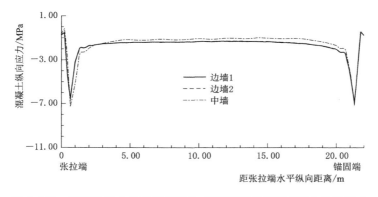

图 6.133 施工阶段 3 排水渡槽优化方案纵梁下表面混凝土纵向应力

渡槽边墙和中墙上表面混凝土两端小区域存在纵向拉应力（图 6.132），边墙上表面混凝土纵向拉应力最大值为 0.27MPa，中墙上表面混凝土纵向拉应力最大值为 0.32MPa；

边墙跨中上表面混凝土纵向压应力最大值为 -0.44MPa，最小值为 -0.28MPa，平均值为 -0.36MPa，边墙跨中上表面混凝土纵向压应力外侧略大于内侧；中墙跨中上表面混凝土纵向压应力最大值为 -0.69MPa，最小值为 -0.69MPa，平均值为 -0.69MPa（图 6.134）。

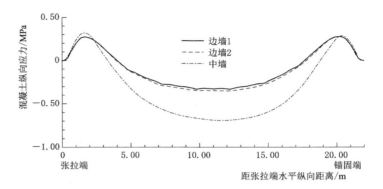

图 6.134　施工阶段 3 排水渡槽优化方案纵梁上表面混凝土纵向应力

　　渡槽底板跨中上、下表面混凝土纵向应力如图 6.135 所示，上表面最大值为 -1.18MPa，下表面最大值约为 -1.21MPa。

　　排除应力集中的情况，其余部位混凝土纵向拉应力最大不超过 0.50MPa。

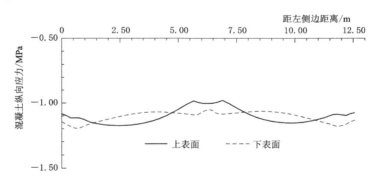

图 6.135　施工阶段 3 排水渡槽优化方案底板跨中上、下表面混凝土纵向应力

2. 麻黄沟排水渡槽横向应力

　　排除渡槽预应力钢绞线锚固部位及支座位置处应力集中的情况，渡槽边墙和中墙混凝土横向拉、压应力数值均较小；渡槽支座端约束较弱，槽底板混凝土在支座断面均有横向拉应力存在，且上表面要大于下表面，底板混凝土上表面横向应力在支座断面处为 0.11MPa；随着与渡槽张拉端和锚固端距离的增加，底板混凝土上表面横向压应力迅速增加并趋于稳定，稳定后最大横向压应力为 -0.51MPa，且随着与渡槽两端距离的增加，底板同一纵向混凝土横向压应力基本保持不变（图 6.136、图 6.137）。

　　横梁下表面混凝土在各槽跨中区域存在较大横向拉应力，最大值为 0.91MPa；横梁 1～横梁 4 应力变化较小且逐渐增大（图 6.138），由于横梁高度相同，与端部距离逐渐增加。

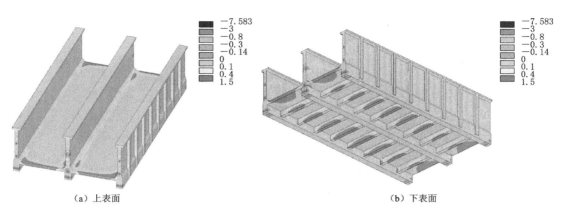

（a）上表面 （b）下表面

图 6.136 施工阶段 3 排水渡槽优化方案横向应力（单位：MPa）

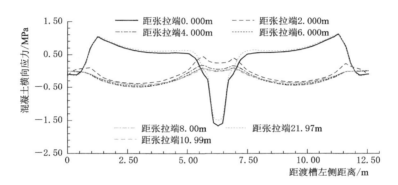

图 6.137 施工阶段 3 排水渡槽优化方案底板上表面混凝土横向应力

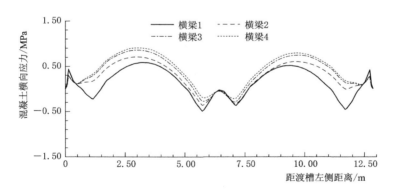

图 6.138 施工阶段 3 排水渡槽优化方案横梁下表面中线混凝土横向应力
注 随横梁距离张拉端距离的增加，依次编号为横梁 1～横梁 8，考虑近似对称，故取半。

3. 麻黄沟排水渡槽竖向应力

排除渡槽预应力钢绞线锚固部位及支座位置处应力集中的情况，渡槽竖墙竖向拉应力很小，均不超过 0.6MPa（图 6.139）。

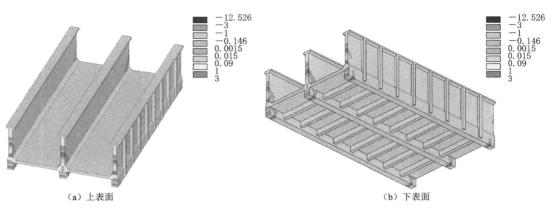

（a）上表面　　　　　　　　　　　　　　　（b）下表面

图 6.139　施工阶段 3 排水渡槽优化方案竖向应力（单位：MPa）

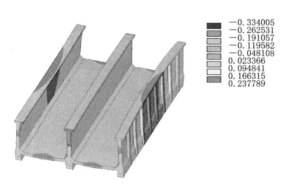

图 6.140　施工阶段 3 排水渡槽竖向位移
（单位：mm；形变比例 1∶1000）

4. 麻黄沟排水渡槽变形

渡槽最大竖向位移发生在中墙顶部，由于预应力和自重共同作用渡槽跨中最大竖向位移为 0.238mm（向上）（图 6.140）。渡槽竖墙下表面中线沿水流方向竖向位移如图 6.141 所示，边墙要略小于中墙。

5. 施工阶段 3 状态下麻黄沟渡槽三维有限元数值分析结果

排除渡槽预应力钢筋锚固部位及支座位置小区域范围的应力集中的情况，渡槽结构应力和变形均满足设计要求。局部应力集中可通过适当的构造措施予以控制或减弱。

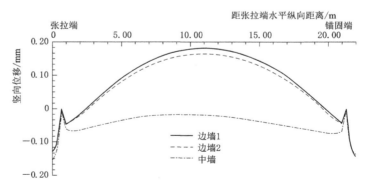

图 6.141　施工阶段 3 排水渡槽纵梁下表面竖向位移

6.4.9　麻黄沟排水渡槽优化方案有限元分析小结

根据上述麻黄沟排水渡槽优化方案在运营阶段和施工阶段三维有限元分析，各工况渡槽纵向跨中应力见表 6.2，优化后的设计方案是完全满足设计要求的。

表 6.2 　　　　　　　　　　　排水渡槽优化方案各工况控制截面应力值　　　　　　　　　　　单位：MPa

控 制 截 面			空槽	设计	满槽	张拉 01	张拉 02	张拉 03
纵向跨中应力	边梁下表面	最大值	−1.445	−0.121	−0.025	−0.022	−0.670	−1.346
		最小值	−1.380	−0.008	0.181	0.025	−0.617	−1.284
		平均值	−1.420	−0.070	0.073	0.002	−0.650	−1.322
	中梁下表面	最大值	−1.455	0.268	0.376	0.238	−0.299	−1.130
		最小值	−1.443	0.256	0.364	0.234	−0.289	−1.119
		平均值	−1.452	0.260	0.368	0.236	−0.296	−1.127
	边梁上表面	最大值	−0.354	−2.520	−2.767	−1.141	−0.794	−0.439
		最小值	−0.263	−2.077	−2.357	−0.938	−0.575	−0.277
		平均值	−0.308	−2.301	−2.566	−1.041	−0.685	−0.358
	中梁上表面	最大值	−0.518	−3.470	−3.626	−1.481	−1.140	−0.692
		最小值	−0.513	−3.463	−3.618	−1.476	−1.135	−0.687
		平均值	−0.514	−3.468	−3.624	−1.479	−1.138	−0.689

优化方案自重减轻 156t，约占原方案自重的 16.9%；预应力钢筋的用量增加 4 根 φ^j15.2 钢绞线，但预应力钢筋对结构整体造价影响较小，总体来讲，方案优化后，不仅自重减轻，横梁根数减小，而且大大降低了施工难度，工程造价也有较大降低。在满足相同设计要求的前提下，优化方案无论从技术上还是从经济上均优于原设计方案。

据此，本书所提出的渡槽结构优化方案是完全可行的。

6.5 　小结

横梁三种影响因素分析表明，横梁间距、厚度和高度的变化对渡槽纵向应力的影响不大；而底板混凝土跨度、支撑刚度的变化对横向应力有一定的影响，但影响有限，相对而言增大横梁间距对应力应变有较大的影响。横梁间距、厚度和高度的变化对渡槽各纵梁的变形协调能力有一定的影响，但底板混凝土已可提供较大的横向刚度，对变形的影响不是很大。

表 6.3～表 6.5 列出了三种影响因素下各控制断面的应力和位移值，进一步的对比分析表明在纵梁单独设计的同时，横梁间距、厚度和高度的不同设定对渡槽结构的整体受力影响并不十分显著，因此在设计时可根据实际情况，在底板厚度一定的前提下，以保证底板受力为条件，可适当增大横梁间距。横梁厚度和高度只对横梁本身受力有较大影响，可根据具体施工条件确定适宜的厚度和高度。

以此为基础确定的渡槽优化设计方案三维有限元分析表明，在满足设计要求前提下，对渡槽边墙和中墙厚度、底板厚度、横梁尺寸及横梁间距进行调整，相应改变预应力筋用量，所提出的优化设计方案是能够实现的。优化方案自重减轻 156t，约占原方案自重的 16.9%；预应力钢筋的用量仅增加 4 根 φ^j15.2 钢绞线，方案优化后，减小了施工难度，降低了工程造价，自重的减轻对结构抗震性能的提高也是非常有利的。

表6.3　　　　　　　　　　影响因素一渡槽控制截面应力位移对比表

变化横梁间距			空　槽　状　态			设　计　水　深		
			原状态	方案1	方案2	原状态	方案1	方案2
纵向跨中应力/MPa	边梁下表面	最大值	−1.468	−1.484	−1.521	−0.463	−0.456	−0.461
		最小值	−1.388	−1.402	−1.427	−0.416	−0.419	−0.445
		平均值	−1.440	−1.452	−1.485	−0.449	−0.447	−0.455
	中梁下表面	最大值	−1.410	−1.409	−1.438	−0.182	−0.116	−0.079
		最小值	−1.390	−1.396	−1.427	−0.143	−0.096	−0.069
		平均值	−1.402	−1.404	−1.434	−0.167	−0.109	−0.076
	边梁上表面	最大值	−0.339	−0.312	−0.292	−1.879	−1.869	−1.873
		最小值	−0.215	−0.176	−0.138	−1.581	−1.564	−1.568
		平均值	−0.275	−0.243	−0.214	−1.727	−1.718	−1.721
	中梁上表面	最大值	−0.505	−0.483	−0.454	−0.54	−0.50	−0.48
		最小值	−0.502	−0.479	−0.450	−2.582	−2.652	−2.712
		平均值	−0.503	−0.480	−0.451	−0.35	−0.31	−0.28
横向应力/MPa	底板上表面	支座处	0.274	0.283	0.284	−0.108	−0.136	−0.185
		最大压力	−0.480	−0.497	−0.526	−0.973	−1.111	−1.372
	横梁下表面最大值		0.830	0.970	1.073	2.430	2.770	3.130
竖向应力最大值/MPa			—	—	—	1.490	1.610	1.729
竖向位移/mm			0.283	0.307	0.328	−1.083	−1.153	−1.251

表6.4　　　　　　　　　　影响因素二渡槽控制截面应力位移对比表

变化横梁厚度			空　槽　状　态			设　计　水　深		
			原状态	方案1	方案2	原状态	方案1	方案2
纵向跨中应力/MPa	边梁下表面	最大值	−1.468	−1.486	−1.500	−0.463	−0.468	−0.464
		最小值	−1.388	−1.408	−1.425	−0.416	−0.426	−0.427
		平均值	−1.440	−1.459	−1.474	−0.449	−0.455	−0.452
	中梁下表面	最大值	−1.410	−1.416	−1.427	−0.182	−0.142	−0.118
		最小值	−1.390	−1.395	−1.407	−0.143	−0.103	−0.080
		平均值	−1.402	−1.408	−1.419	−0.167	−0.127	−102
	边梁上表面	最大值	−0.339	−0.319	−0.301	−1.879	−1.880	−1.884
		最小值	−0.215	−0.185	−0.158	−1.581	−1.562	−1.553
		平均值	−0.275	−0.250	−0.228	−1.727	−1.719	−1.716
	中梁上表面	最大值	−0.505	−0.491	−0.472	−2.954	−0.360	−0.360
		最小值	−0.502	−0.488	−0.469	−2.582	−2.639	−2.683
		平均值	−0.503	−0.489	−0.470	−2.770	−0.180	−0.180

续表

变化横梁厚度			空 槽 状 态			设 计 水 深		
			原状态	方案1	方案2	原状态	方案1	方案2
横向应力/MPa	底板上表面	支座处	0.274	0.287	0.293	−0.108	−0.131	−0.176
		最大压应力	−0.480	−0.495	−0.508	−0.973	−1.046	−1.125
	横梁下表面最大值		0.830	0.950	1.052	2.430	2.710	3.047
竖向应力最大值/MPa			—	—	—	1.492	1.540	1.586
竖向位移/mm			0.283	0.300	0.313	−1.083	−1.133	−1.183

表 6.5　　　　　　　　　影响因素三渡槽控制截面应力位移对比表

变化横梁高度			空 槽 状 态			设 计 水 深		
			原状态	方案1	方案2	原状态	方案1	方案2
纵向跨中应力/MPa	边梁下表面	最大值	−1.468	−1.474	−1.477	−0.463	−0.482	−0.485
		最小值	−1.388	−1.402	−1.410	−0.416	−0.439	−0.452
		平均值	−1.440	−1.451	−1.456	−0.449	−0.469	−0.477
	中梁下表面	最大值	−1.410	−1.411	−1.416	−0.182	−0.159	−0.150
		最小值	−1.390	−1.390	−1.397	−0.143	−0.121	−0.117
		平均值	−1.402	−1.402	−1.409	−0.167	−0.144	−0.138
	边梁上表面	最大值	−0.339	−0.333	−0.330	−1.879	−1.859	−1.844
		最小值	−0.215	−0.187	−0.164	−1.581	−1.531	−1.496
		平均值	−0.275	−0.258	−0.245	−1.727	−1.692	−1.667
	中梁上表面	最大值	−0.505	−0.494	−0.475	−2.954	−0.360	−0.360
		最小值	−0.502	−0.490	−0.470	−2.582	−2.600	−2.598
		平均值	−0.503	−0.491	−0.471	−2.770	−0.180	−0.180
横向应力/MPa	底板上表面	支座处	0.274	0.257	0.226	−0.108	−0.183	−0.300
		最大压应力	−0.480	−0.515	−0.553	−0.973	−1.116	−1.277
	横梁下表面最大值		0.830	0.941	0.998	2.430	2.657	2.866
竖向应力最大值/MPa			—	—	—	1.492	1.502	1.508
竖向位移/mm			0.283	0.299	0.311	−1.083	−1.127	−1.167

第7章 结论和探讨

7.1 结论

（1）本书根据预应力排水渡槽的实际施工和运营状况，对其设计进行了探讨，并确定了以排水渡槽无水状态为基本荷载组合、竖墙纵向抗裂、余均限裂的设计原则，并分阶段分工况提出了具体功能限制要求。

（2）对于窄深式或宽浅式单向预应力渡槽均可采用手工计算确定预应力钢筋的配置，依据交错布置、对称张拉的原则确定了预应力钢筋的张拉顺序，所确定的设计方案在满足本书设计原则的基础上安全可靠。

（3）麻黄沟排水渡槽在运营期（即空槽、设计水深和满槽水深 3 种工况）和施工阶段，应力和位移均满足设计要求；局部应力集中则需采取构造措施予以避免或减弱。通过调整预应力钢筋的配置满足运营和施工阶段的设计要求。

（4）瞬态与稳态温度效应数值分析表明，进行排水渡槽设计时，温度效应作为对渡槽内力影响的主要因素之一，必须给予足够的重视而不能忽略不计。按照《公路桥涵设计通用规范》（JTG D60—2015）温度荷载模式所建立的恒定温度场进行预应力排水渡槽结构设计偏于安全，温度效应由稳态温度场替换真实瞬态温度场进行数值模拟计算，方法简单可行。

（5）局部预应力钢筋失效对渡槽整体受力有一定的影响，由于横梁在各根平行的纵梁间起内力重分配的作用，且排水渡槽取用较厚的底板混凝土厚度也进一步增强了各纵梁间的相互联系，局部预应力钢筋失效对渡槽结构受力所造成的影响将由周围各构件共同承担。除纵向应力外，渡槽横向应力和竖向应力不同失效模式在远离渡槽两支座端的影响均很小，失效模式 2 对渡槽两支座端混凝土的竖向应力影响较大。

不同失效模式对渡槽纵向应力影响存在差异：同一竖墙下部预应力钢筋失效对跨中混凝土纵向应力的影响要大于上部预应力钢筋的失效。施工时对同一竖墙下部预应力钢筋的施工要给予更严格的质量控制。

（6）横梁间距、厚度和高度的变化对渡槽纵向应力的影响不大；而底板混凝土跨度、支撑刚度的变化对横向应力有一定的影响，但影响有限，相对而言增大横梁间距对应力应变有较大的影响。横梁间距、厚度和高度的变化对渡槽各纵梁的变形协调能力有一定的影响，但底板混凝土已可提供较大的横向刚度，对变形的影响不是很大。

（7）提出了麻黄沟排水渡槽优化设计方案。在满足设计要求前提下，对渡槽边墙和中墙厚度、底板厚度、横梁尺寸及横梁间距进行调整，相应改变预应力筋用量。优化后渡槽自重减轻 156t，约占原方案自重的 16.9%；预应力钢筋的用量仅增加 4 根 $\phi^j15.2$ 钢绞线；减小了施工难度，降低了工程造价，自重的减轻对结构抗震性能的提高也是非常有利的。

（8）考虑普通非预应力钢筋的存在，每根纵梁底部均考虑 4 根直径 22mm 的 II 级钢筋，预应力排水渡槽的应力应变分布规律与不考虑时基本保持一致，影响很小。预应力排水渡槽在张拉和正常运营阶段，边墙和中墙混凝土均满足曲稳定性。

7.2 探讨

有以下三个问题值得深入探讨研究。

（1）根据北方地区左岸排水渡槽的实际工作状况，预应力渡槽承受的荷载主要有渡槽自重、水重、风载和温度荷载等。北方地区左岸排水渡槽运营状况不同于一般预应力渡槽，结构长期处于无水（即空槽）状态，无论是 50 年一遇的设计洪水，还是 200 年一遇校核洪水，过水是短期的、临时的，其基本荷载组合不是自重＋预应力＋设计水位状态，而是空槽状态。但目前渡槽有关规范并未明确区分一般过水渡槽与排水渡槽荷载组合的差异，设计时一般亦将自重＋预应力＋设计水位荷载组合作为作用（荷载）效应长期组合，基本荷载组合的差异直接导致了左岸排水渡槽断面尺寸或钢筋用量的增加。

界定左岸排水渡槽荷载效应的长期组合、短期组合和偶然组合，应与一般渡槽存在差异，以彰显其工作特性。

（2）边界条件的确定。边界条件是确定温度场和温度应力的关键因素，外界自然条件变化的随机性，增加了准确求解温度场的困难。由于缺乏足够的气象资料，本书仅仅考虑了太阳直射、散射、空气产生的热辐射和与空气之间的热对流等因素，而忽略了地面对短波辐射的反射、地表环境辐射及结构构件的反射和它们之间的辐射等的影响。其次，本书对外界气温和辐射的日过程采用的是线性变化，实际应该是按近似正弦曲线变化。因此，如何更好地让计算过程中简化的边界条件与实际测量和试验得出的边界条件保持一致，将是今后研究中的一个重点。

（3）根据国家行业标准《水工混凝土结构设计规范》（NB/T 11011—2022），预应力混凝土受弯构件在使用阶段的预应力反拱值，可用结构力学方法按刚度 $E_c I_0$ 进行计算，并考虑预压应力长期作用的影响，此时，将计算求得的预加应力反拱值乘以增大系数 2.0；在计算中，预应力钢筋的应力应扣除全部预应力损失。对永久荷载所占比例较小的构件，应考虑反拱过大对使用上的不利影响。

对于北方地区左岸排水渡槽，结构长期处于无水（即空槽）状态，在预应力作用下结构可能长期处于反拱状态，该受力状态对结构而言是不利的。如设计时考虑预压应力长期作用的影响，将计算求得的预加应力反拱值乘以增大系数 2.0，计算结果对排水渡槽将更为不利。而现行规范认为是从偏于安全的角度考虑该增大系数，实际对于排水渡槽则偏于危险，对过大的反拱值并没有给出明确的限定措施。如何明确确定北方地区排水渡槽使用阶段的预应力反拱值也是值得探讨的问题之一。

参 考 文 献

[1] 董文，李琳琳. 大型渡槽三维有限元静动力计算分析及结构配筋 [J]. 云南水力发电，2023，39（1）：121－123.

[2] 王翔，杜成斌，顾明如，等. 高挡土板桩墙施工期三维整体有限元数值模拟 [J]. 中州煤炭，2016（11）：64－70，74.

[3] 王宽. 预应力渡槽结构三维参数化配筋方法及实现 [D]. 天津：天津大学，2015.

[4] 王磊. 南水北调预应力排水渡槽结构静力分析 [J]. 水利建设与管理，2013，33（8）：32－35.

[5] 郑重阳，彭辉，任德记. 南水北调中线工程沛河渡槽三维有限元分析 [J]. 长江科学院院报，2013，30（5）：86－91.

[6] 喻金钟. 排水渡槽预应力张拉施工技术 [J]. 河南水利与南水北调，2013（4）：20－21.

[7] 张世雷. 浅谈南水北调工程大型排水渡槽槽身施工 [J]. 河南水利与南水北调，2012（15）：57－59.

[8] 李晓克，张晓燕，张学朋，等. 预应力混凝土渡槽温度影响及设计研究 [J]. 长江科学院院报，2012，29（1）：44－48.

[9] 孙明权. 南水北调中线左岸排水预应力渡槽优化设计研究 [D]. 郑州：华北水利水电学院，2011.

[10] 武爱玲. 左岸排水渡槽结构形式与预应力设计 [J]. 水科学与工程技术，2011（1）：51－53.

[11] 王国新，李晓斌，樊新颖. 后夏庄沟排水渡槽钻孔灌注桩桩基漏浆处理探讨 [J]. 河南水利与南水北调，2011（4）：38，40.

[12] 宋国涛，程玉珍，孙旭. 预应力排水渡槽横断面受力研究 [J]. 人民黄河，2010，32（6）：130－132.

[13] 陈卫国. 南水北调中线河（渠）渠交叉工程主要类型及渡槽类总体布置原则 [J]. 水科学与工程技术，2010（1）：64－67.

[14] 王德刚，李英刚. 预应力排水渡槽三维有限元静力分析 [J]. 科技情报开发与经济，2009，19（34）：153－155，157.

[15] 甄剑颖. 预应力排水渡槽横梁和侧肋优化分析 [J]. 水科学与工程技术，2008（6）：16－17.

[16] 孙明权，牛占永，甄剑颖，等. 温度荷载对预应力排水渡槽的影响 [J]. 人民长江，2008（11）：82－83，88.

[17] 孙明权，甄剑颖，李晓克. 预应力排水渡槽横梁影响研究 [J]. 人民黄河，2008（5）：76－77.

[18] 赵汪洋，刘宪亮，韩丽峰. 渡槽三维有限元分析 [J]. 山西建筑，2008（1）：355－356.

[19] 张学朋，李晓克，陈亚丁，等. 大型预应力排水渡槽结构设计的初步探讨 [J]. 南水北调与水利科技，2007（6）：110－113.

[20] 陈亚丁，张学朋，吴静. 预应力排水渡槽环境温度变化受力性能研究 [J]. 华北水利水电学院学报，2007（6）：31－34.

[21] 赵春锁，王海英. 南水北调中线京石段左岸排水渡槽工程布置及设计要点 [J]. 水科学与工程技术，2007（S1）：39－40.

[22] 罗莉，唐智亮，聂国华，等. 预应力渡槽有限元分析 [J]. 计算机辅助工程，2007（3）：61－64.

[23] 甄剑颖，牛占永，李晓克. 预应力排水渡槽钢筋失效研究 [J]. 东北水利水电，2007（8）：7－9，71.

[24] 宋宝生. 南水北调中线京石段排水渡槽抗震设计分析 [J]. 水科学与工程技术，2006（1）：9－11.